やさしく学ぶ

統計データ
リテラシー

江口 翔一・太田家 健佑・朝倉 暢彦 共著

JN097703

培風館

まえがき

　本書は，大学教養課程向けのデータリテラシーとそれに続く専門の課程でも使用可能な統計学の教科書として執筆された．大まかには前半の記述統計と後半の推測統計からなるスタンダードな構成となっており，大学での半期 15 回分の講義での使用を想定している．データに基づいた科学的意思決定の重要性が広く認識され，大学をはじめとした高等教育においてもその対応は喫緊の課題である．そのような時代にあって，本書は，統計学に基礎をおくデータリテラシーの入門書であると同時に，その先の数理的な基礎を学習するにも有用な教科書をめざしている．

　第 1 章は記述統計の内容であるが，特に数学が不得手な学生にも最低限修得してほしいデータリテラシーを学習できるよう数式の意味を丁寧に説いた．本章は著者の一人である太田家が大阪大学の文科系・理工系合わせた学部 1 年生向けに応用数学の入門的講義をした際の資料を大幅に加筆修正したものであり，特に数学的な予備知識のフォローに意を用いている．

　第 2 章は前半の記述統計と後半の推測統計をなめらかにつなぐことを意図して，データサイエンスの研究および教育経験が豊富な朝倉が担当した．推測統計で利用される数学は若干高度であるため，記述統計との断絶に初学者は戸惑いがちである．本章は，統計学という枠組みを大局的にとらえるための示唆に富んだ記述がなされており，読者は後半の確率論に基づく推測統計の枠組みを学ぶ動機づけを得られるだろう．

　第 3 章から第 5 章は初等確率論およびそれに基づく推測統計の内容である．こちらは江口が大阪大学で理工系学部 1 年生向けに行った講義の資料をもとにまとめられている．確率論の考え方からはじまり，確率分布，推定，検定という標準的な統計学の教程となっている．一方で，さまざまな種類の確率分布を解説している点は従来の入門書にあまりみられない本書の特質をなすであろう．

　本書は小著ながらも内容的には豊富であり，教養課程向けにすべての内容が
講義されたり，初学者がいきなりすべてを読むことなどはもとより想定されて
いない．そこで，受講者・学習者の到達目標に応じて，以下のレベル別のコー
スで講義・学習されることを提案したい．

- **Level 0:** 最低限のデータリテラシーと統計学の初歩を学ぶコース

　第 1 章，第 2 章，第 3 章 (3.1, 3.2 節，3.3.1〜3.3.3，3.4.1 項)，第 4 章
(4.1.1〜4.1.3，4.2.1，4.2.2 項)，第 5 章 (5.1.1 項の不偏推定量まで，5.2.1,
5.2.2，5.3.1，5.3.2，5.4.1，5.4.2，5.5.1，5.5.2 項)

- **Level 1:** 大学で履修する基本的な統計手法を学ぶコース (* 印まで)

　第 1 章，第 2 章，第 3 章，第 4 章 (4.1.1〜4.1.4，4.2.1，4.2.2，4.2.4，4.3.3,
4.4.1 項，4.5 節)，第 5 章 (5.1 節，5.2.1〜5.2.3，5.3.1〜5.3.3，5.4.1〜5.4.3,
5.5.1〜5.5.3 項)

- **Level 2:** 数理統計学への導入を意識して学ぶコース (** 印まで)

　第 3 章，第 4 章，第 5 章

　各 Level のおおまかな想定として，Level 0 は統計的手法を学部で学ぶ機会
の少ない分野の学生をも含めた全学向け教養教育，Level 1 は経済・経営・理
工系学部における学部 1〜2 年生向けの統計学の講義，Level 2 は数理系学部の
2〜3 年生向けの数理統計学への導入を意識した講義，となっている．ところで
本書内の随所に問題を配している．その部分は初学者にとって重要と思われる
部分であり，ぜひ手を動かして問題を解いてみることを勧める．難解なものは
含まれず，本文や例題を理解していれば解けるような程度の練習問題である．

　本書を読むうえで，特に Level 0 のコースを履修するに際して必要な数学的な
予備知識について述べておく (Level 1 についてもそれほど差はないが，Level
0 での予備知識に加えて高等学校における数学 III 程度の微分積分を知っていた
ほうがより望ましいかもしれない)．第 1 章は，高等学校文科系課程における数
学の初歩的知識があれば十分であり，それに関しても文科系数学全般にわたっ
て高度な理解をしていることを要求しない．具体的には平面ベクトルの扱いと
和の演算記号に関して知っていればほとんど問題ない．第 2 章については，初
学者はあまり自身の予備知識にこだわったり，完全な理解を試みる必要はなく，
おおらかな気持ちで取り組んでくれればよい．第 3 章から第 5 章は，高等学校
文科系課程で学ぶ程度の確率と微分積分の知識があることが望ましい．しかし

これらの知識に若干の不安があっても，講義などで用いられる際は講義担当者などの適切な案内があれば，初学者でもかなりの程度まで理解を深められよう．

　本書成立の経緯について記しておきたい．本書はもともと数理統計学が専門である江口に執筆依頼があったものであり，実際に主要部分 (第 3 章から第 5 章) は江口による執筆である．そこに，太田家が文理横断的なデータリテラシー教育という観点から第 1 章を，朝倉が研究と教育両面におけるデータサイエンス分野での豊かな経験を反映するという観点から第 2 章を，それぞれ分担執筆という形で担当した．

　内容の改善点などに関しては読者および講義担当者諸賢のご叱正をお待ちしたい．最後に，本書執筆の機会を与えていただいた培風館および大阪大学数理・データ科学教育研究センター，編集の労を執られた岩田誠司様に感謝申し上げる．

　　2022 年 3 月

　　　　　　　　　　　　　　　　　　　　　　　　　　著者ら記す

目　　次

4.　確 率 分 布 ————————————————————— *70*

1
データの記述と可視化

　今後，読者が統計学や機械学習などのデータサイエンスの勉強を続けていくと，データを分析するための「数学的」で「かっこいい」手法を多く学ぶことになるだろう．しかし，科学技術や産業の現場でのデータ分析でまず求められるのは，何よりもまず「基本的な道具を使ってデータをしっかりみること」である．多くの場合，大げさな数学的道具を使わずとも，簡単な統計量を計算したり，データをグラフ[1]にしてみれば結論が明らかになることは多い．むしろそういうことをせずにいきなり大がかりな統計学や機械学習の手法を用いることは無駄が多く「鶏を割くに焉んぞ牛刀を用いん」の誹りを免れないであろう．そこで本章では，基本的な統計量の計算法や，人が見てわかりやすいデータのまとめ方について学ぶ[2]．

　本章を読む際に必要な知識は，ほとんどが高等学校における数学の初歩部分であり，特に和の記号シグマ（$\sum$）について知っていれば十分である．加えて一応，多次元のベクトルがでてくるが，線形代数学の本格的な知識が必要というわけではなく，あくまでもデータの表記の簡便化のためにベクトル表記を用いているだけである．線形代数学などを未修の読者は，高等学校で学ぶ 2 次元や 3 次元のベクトルの拡張で，一般に N 個の成分をもつ数の組を N 次元ベクトルとよぶのだ，というくらいの簡単な理解で読み進めてくれれば大丈夫である．

---

　1)　最近では，データをグラフにするためのツールが充実している．なお，本章での図の作成および関連するデータの生成には，Python のパッケージである NumPy，Pandas，Matplotlib などのすばらしいソフトウェアを用いている．これらの OSS に関わっておられる世界中のすべての関係者に感謝し上げたい．

　2)　本章の内容は多くの統計学の教科書でふれられる範囲であるが，構成としては [4]，[14] を参考にした．なお，本章における用語の英語表記については基本的に [8]，[17] および [19] に拠りつつ，インターネット上の情報も参考にしてなるべく一般的なものを採用するように努めた．

1

1.1　定　　義

　"データ"と一口にいっても，日常語としてのそれは，その意味内容がしばし
ば多義的であり，文脈によって変わりうる．一般的には観測や実験によって計
測された数値やテキストの集まりを漠然とデータとよぶことが多く，科学技術
の文脈においても，大体においてそのような意味で解されることが多いだろう．
本章では，説明の便宜からデータという用語をより正確に定義しておく．

　本章では，数値データのみを対象とする．そして便宜上，データを1つの実
数ベクトルとして表現されるものとする[3]．つまり，1つのデータといえば，
それは成分が実数からなるある $n\,(\geq 1)$ 次元ベクトル x に対応しており[4]，し
たがって，データをそれに対応するベクトルと同一視し，「データ x」などとよ
ぶことにする．しばしば，記号の便宜から，「x が実数からなる N 次元ベクト
ルである」ということを $x \in \mathbb{R}^N$ と書く．数学的な記法に慣れない読者は，と
にかくそういう文章の略記であると考えてしまって (本章の範囲内では) よい．
念のため説明しておくと，$\mathbb{R}^N$ は，実数からなる N 次元ベクトルをすべて集め
た集合であり，$x \in \mathbb{R}^N$ は x が $\mathbb{R}^N$ という集合の要素であるということをいっ
ている．

$$\boxed{\quad 1\text{つのデータ} \quad \overset{\text{対応}}{\longleftrightarrow} \quad x \in \mathbb{R}^N \quad}$$

　例えば，3人の個人がおり，その区別をインデックス $i = 1, 2, 3$ で行うとす
る．このとき，各個人 i の身長の計測値を実数 x_i としたとき，この3人の身長
の計測値は "1つの" データ x をなすわけである．もちろんここにおいて x は，

$$x = (x_1, x_2, x_3)$$

という3次元ベクトルとなる．以降，N 次元ベクトルで表現されるデータを簡
単に "N 次元データ" とよぶことにする．また，一般にデータ $x \in \mathbb{R}^N$ に対し
て，その要素あるいは成分 $x_i\,(i = 1, 2, \ldots, N)$ を，そのデータの "要素"，あ

---

　3)　これは本章で説明を円滑に行うために導入される定義であって，あらゆる文脈でこのような
定義に従うべきというわけではない．

　4)　データリテラシーの文脈では，通常問題とするデータは，現実世界の観察や実験から得られ
た数値からなるため，実数であると考えてよい (もちろん，実数自体一つの抽象概念であるという
留保はあるとはいえ)．そこで，以降本章でベクトルといえば，それは成分が実数からなることは
前提とし，いちいち断らないことにする．

るいは “成分” とよぶことにする．データ $x \in \mathbb{R}^N$ について，その成分を明示的に記述する場合，上記 3 次元の場合の表記の素直な拡張で，

$$x = (x_1, x_2, \ldots, x_N)$$

と書く．

　何を “1 つの” データとするかは分析の目的によって変わりうる．先ほどは，3 人の個人の身長計測値をまとめて 1 つのデータとしたわけだが，そうしなければならないとあらかじめ決まっているわけではない．例えば，実は個人 $i = 1$ の身長にのみ専ら興味があり，他の 2 名の身長にはまったく分析上の興味がない場合は，個人 1 だけの身長計測値 x_1 だけからなる 1 次元データ

$$x = (x_1)$$

を考えることもありうる[5]．

　データ要素を区別するインデックスは，もちろんデータによって異なり，必ずしも個人や個体をさすものには限らない．特に，インデックスが異なる時点を表す形のデータは実際上よく現れる．例えばインデックス t として各年度をとって，x_t として年度 t の人口のデータを考えることができる．このような時間をインデックスにとるデータは，**時系列データ (time series data)** とよばれる．ある量の時間的変化というのは，多くの科学的興味をもたれる対象である．時系列データには，それに特有のデータ分析の手法があるのだが，入門書である本書ではそこにはこれ以上ふれない[6]．

　以下では，1 つのデータ (1 つのベクトルと同一視) を **1 変量データ** とよび，2 以上の個数のデータをまとめて**多変量データ**とよぶことにする．もちろん，2 変量データ，3 変量データなどという呼称も必要であれば用いる．また多変量データといっても，結局は 1 変量データの集まりであるから，1 変量データの扱いに習熟することが，まずは重要である．多変量データとしては例えば，3 人の個人 $i = 1, 2, 3$ の身長がそれぞれ x_i $(i = 1, 2, 3)$ で，体重が y_i $(i = 1, 2, 3)$ で与えられている場合が考えられる．このときは，2 つのデータ x と y がそれぞれ

---

　5)　しかし多くの場合では，いくつかの個体や時点などの複数の計測値・観測値の一塊を分析したい，つまり多次元データを扱いたいと考えられる．したがって，本当に 1 次元データだけを扱うということは実際にはあまりなさそうではあるのだが，それでも定義上は 1 次元データも立派にデータである．

　6)　興味のある読者は，例えば [5] などを参照せよ．

$$x = (x_1, x_2, x_3),$$
$$y = (y_1, y_2, y_3)$$

というベクトルで与えられて，2 変量データをなすわけである．このとき，それぞれのデータ単一の特性は興味のあることであるが，多変量データに特有の問題意識は，それら複数データ間の関係性ということになる．例えば，身長が高ければ体重も重いといった関係性があるのだろうか，ということである．

1.2　1 変量データの可視化

ここからしばらくは，1 変量データを考える．データが与えられたとき，まずその大まかな特徴を人が目で見て判断することは大切である．その際，ただ数字の羅列を見ても特徴を把握しにくいので，グラフなどの視覚的にとらえやすい形式で表現することが重要である．この作業をデータの**可視化 (visualization)** という．

1.2.1　棒グラフ

データ $x = (x_1, x_2, \ldots, x_N)$ に対して，各要素の数値の違いを視覚的に表現するのに適した手法が**棒グラフ (bar chart)** である．これは，横軸に要素のインデックス $i = 1, 2, \ldots, N$ を配し，縦軸に当該インデックスの要素の値 x_i の大きさを棒の長さで表示するというものである．例えば何人かの学生に対して，各学生の成績を収めたデータがあるとする．そのとき，各学生ごとの成績の比較をわかりやすく可視化するには棒グラフが適している．

例 1.1　3 人の学生 A，B，C の各人について，その成績がそれぞれ 10 点，30 点，20 点であったとする．これを棒グラフにすれば右図のようになる．

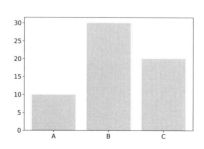

棒グラフの作成においては，縦軸の始点は，非負変数であれば0，そうでない場合も明確に定められた原点とし，不用意に縦軸の途中の値を適当に原点と定めてはならない．これは，棒グラフにおいては，データの要素の数値が棒の長さという視覚情報に厳密に1対1対応しているべきだからである[7]．このことをより正確に述べれば次のようになろう．棒グラフに表すデータ $x = (x_1, \ldots, x_N)$ について，各要素 x_i は棒グラフ上ではある定数 $c > 0$ によって cx_i という長さで表示される．つまり，この c がある種の縮尺を表すわけであるが，これはすべての i について等しくとらなければならない．したがって，x_i と x_j ($\leq x_i$) の差 $x_i - x_j \geq 0$ も当然グラフの上では $c(x_i - x_j)$ という長さの差として表示されるわけである．

> **例 1.2** 100点満点の試験でA君とB君はそれぞれ10点と11点だったとする．これをデータ $x = (10, 11)$ で表す．このとき $c = 0.1 \,(\mathrm{cm/点})$ として棒グラフにすることにすれば，A君の点数は $c \times 10 = 1\,\mathrm{cm}$ の長さの棒で表示される．同様に，B君の点数は $1.1\,\mathrm{cm}$ の長さの棒で表示される．また，2人の点数差1点は，$0.1\,\mathrm{cm}$ の棒の長さの差となって現れる．

このような原則をふまえない棒グラフをつくると，データから適切に情報を得ることができないのみならず，そのことを意図的に利用した印象操作に使われてしまうこともある[8]．例えば，2人の成績データを比較するに際しても，実態としては大なる差の認められないにもかかわらず，縦軸の原点を恣意的に定めること（これは次の例1.3にみるように，縮尺 c をデータの要素ごとに勝手に変えてしまうことに相当する）で，成績差をいたずらに強調するなどといった印象操作が行われてしまう可能性がある．

次の例をみてみう．

---

7) [3, p.221]

8) 棒グラフのみならず，グラフの不適切な利用による印象操作は現実にもよくみられる事象であり，データリテラシーの文脈においても重要であるが，一方で統計学の教科書においては意外と解説されることが少ないようである．ここでは [3, pp.221-223] を参考にした．また [15, 第5章] にはさまざまなグラフの不適切利用の事例が紹介されていて興味深い．

例 **1.3**　例 1.2 において，試験は 100
点満点であるから，この 2 人の点数
は普通それほど差がないものとみな
されるだろうが，右図のような棒グ
ラフを描いてみたらどうだろう．

　これは縦軸を 9.9 点から 11.1 点の
範囲にした棒グラフである．これに
よって B 君は A 君に比べてとても

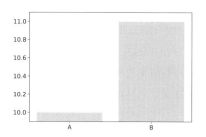

図 1.1　印象操作を行った棒グラフ

高い点数をとったというような印象を受けてしまいがちである．ここでは，
A 君の点数に対する縮尺と，B 君の点数に対する縮尺が明らかに異なるの
である．もし正しく描くのならば，B 君の点数に対応する棒の長さはより短
くしなければならないだろう．

問題 1.4　例 1.2 のデータ $x = (10, 11)$ を適切に棒グラフにせよ．

問題 1.5　以下は東京，千葉，大阪，愛知，福岡の各都府県における 2019 年 10 月時
点の人口 (単位は 1000 人) を表にまとめたものである[9]．

都府県	東京	千葉	大阪	愛知	福岡
人　口	13921	6259	8809	7552	5104

このデータを棒グラフとして可視化せよ．

1.2.2　ヒストグラム

　棒グラフは，ある程度少ない数の要素からなるデータを可視化する際にはき
わめて便利であるが，要素数が多くなると目で見ても把握しにくく，有用性は
低くなる．このことは，例えば学生 1000 人の成績をズラリと並べて作成され
た棒グラフを想起すればよい．そもそも，膨大な数の個体からなる集団におい
ては，個々の要素には興味がなく，1 つのデータ内での数値の分布にこそ興味
があることが普通である．例えば，100 人の学生のうち赤点の学生はどれほど
いるのか，あるいは，47 都道府県のなかで人口が 100 万人から 200 万人の間
にある都道府県はいくつあるのかといったことである．そこで用いられる可視
化方法が**ヒストグラム (histogram)** である．

---

9)　出典：[13]

　ヒストグラムの作成においては，まず，データの要素がとりうる範囲をある幅をもった互いに重なりのない区間というもので区切ることからはじめる．ここで**区間 (interval)** について簡単に説明しておく．区間は大別して閉区間と開区間とに分けられるが，本章では閉区間を用いる．閉区間 $[a, b]$ というのは数直線上で a と b の間に挟まれた領域のことであり，特に端の a と b を含むものである．したがって，実数 x が閉区間 $[a, b]$ に属すること，つまり数学的な記法では $x \in [a, b]$ であることは $a \leq x \leq b$ と同義である[10]．

　このとき，区間に重なりがあってはならないが，同時にデータ要素の数値のうち，どの区間にも属さないような数値 (すなわち抜け) が生じてもならない．このようにヒストグラム作成の目的で定義された区間のことを，通常は**階級 (class)** とよぶ．

> **例 1.6**　データの要素がとりうる範囲が 0 以上 10 以下の整数であるとき，これを区間 $I_1 = [0, 5]$ と $I_2 = [6, 10]$ で区切れば，I_1 と I_2 は互いに重なりがなく，しかもすべての要素は必ずどちらかの区間に属するため抜けもない．

> **例 1.7**　データの要素がとりうる範囲が 0 以上 10 以下の整数であるとき，これを重なりがなく，抜けもないように 2 つの区間に分割する方法は複数存在する[11]．例えば $I_1 = [0, 3]$, $I_2 = [4, 10]$ としても，$I_1 = [0, 8]$, $I_2 = [9, 10]$ としてもよい．

> **問題 1.8**　データの要素がとりうる範囲を 0 以上 10 以下の整数としたとき，重なりがなく，抜けもないように 3 つの区間に分割せよ．

　以降，ヒストグラム作成の手順を具体的に考えていこう．例えば，ある国には自治体が 50 あり，各自治体の人口は 1 万人以上 1500 万人以下であったとしよう[12]．このとき，人口の単位を "万人" にすれば，データの要素がとりうる範囲は整数で

---

　10)　なお，**開区間**というのは (a, b) と書き，数直線で a と b の間に挟まれた領域のことではあるのだが，端である a と b は含まない．したがって，実数 x が (a, b) に属することは $a < x < b$ であることと同義である．さらに，左端 a だけは含むとか右端 b だけは含むような領域を考えることもできて，**半開区間**というが，それについては後の章で必要な際にあらためて説明する．

　11)　データの要素がとりうる範囲を実数とすれば，このような分割の仕方は無数に存在する．なお，実数の場合は半開区間を用いることで，重なりがなく抜けもない分割を実現できる．例えば，データのとりうる範囲が実数で $[1, 10]$ としたとき，これを 2 つの区間に分割するには，$[1, 5]$, $(5, 10]$ などとすればよい．

　12)　ただし，ここでは 1 万人に満たない人口の値は四捨五入されているとする．

$[1, 1500]$ であるが，これを，例えば $[1, 300]$, $[301, 600]$, $[601, 900]$, $[901, 1200]$, $[1201, 1500]$ という 5 つの階級に分割する．ここで閉区間 $[a, b]$ で与えられる階級の**階級幅**を $b - a$ で定義すれば，ここではすべての階級は幅が 299 となる．データの要素がとりうる範囲を階級に分割する仕方は，その幅を含め分析者が決定するものである．必ずしもすべての階級幅を等しくしなければならないということはないが，特に意図するところがなければ，まずは可能な限りで幅を揃えてみるほうがよいかもしれない．

　階級を設定したら，次に各階級に属するデータの要素の個数を数える．例えば，自治体 i の人口が $x_i = 573$ 万人であれば，それは 2 番目の階級 $[301, 600]$ に属することになる．このようにして，各階級に属するデータの要素数——これを**絶対度数 (absolute frequency)** とよぶ——を表にまとめると以下のようになったとする[13)]．

表 1.1　絶対度数表 (等階級)

階　級	1–300	301–600	601–900	901–1200	1201–1500
絶対度数	37	6	5	1	1

　この絶対度数をある種の[14)]棒グラフとして図示したものがヒストグラムなのだが，その図示の際には，単純な棒グラフとは異なり，階級幅に応じて注意を要する．もしすべての階級幅を等しく設定したのであれば，横軸に各階級，縦軸に各階級に対応した絶対度数をとって図示すればよい．

　そのようにして上の絶対度数表をヒストグラムとして図示したものが右の図 1.2 である．この場合は，縦軸の数値が各階級の絶対度数の値をそのまま示しているから，とても直感的でわかりやすい．

　もし階級幅が等しくない場合は，縦軸に絶対度数をプロットすることは，データを適切に表現しない可能性がある．

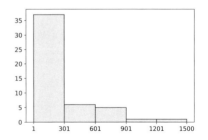

図 1.2　絶対度数のヒストグラム

---

13)　これは架空データではあるが，[13, p.7] に記載のデータから着想を得ている．

14)　"ある種の" などと歯切れの悪い言い方をしているのは，すぐ次に述べるようなヒストグラム特有の階級幅に配慮した注意が必要だからである．

幅の大きい階級ほど，そこにデータが属する可能性は高くなるので，幅の異な
る階級の度数を直接比較することにどれほどの意味があるのかは明白ではなく，
むしろ階級幅の大きな階級の存在感を必要以上に強く印象づけてしまうからで
ある．先の設例で，階級を [1, 300]，[301, 600]，[601, 1500] としてみよう．こ
のときの絶対度数を表にすれば以下のようになる．

表 1.2　絶対度数表 (非等階級)

階　　級	1–300	301–600	601–1500
絶対度数	37	6	7

　ではこれを，横軸に階級をとり，縦軸にその絶対度数を“そのまま”棒グラ
フとした“ヒストグラムもどき”を作ってみると以下のようになる[15]．

　これをみると，第 3 階級が第 2 階級
に比べて，その視覚的印象が強くなっ
ている．しかし，第 3 階級の幅は第 2
階級の幅に比べて 3 倍ほども大きいの
で，そこに属する要素数がそれだけ多
くなりえることは容易に想像がつくで
あろう．

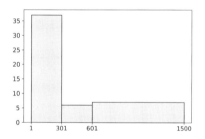

図 1.3　ヒストグラムもどき

　この人口分布のデータでは，人口が
大きくなるほどそれに該当する自治体数
は減少していく，しかも急激に減少していくという著しい分布特性を表すので
あるが，このヒストグラムもどきではそのような分布特性をうっかり見誤って
しまう可能性がある[16]．

---

　15)　ただし，ここで“ヒストグラムもどき”と称したものもヒストグラムとして認める立場もあ
り，実際，各種統計ソフトウェアのなかでも，“ヒストグラムもどき”をヒストグラムとして出力
することを標準としているものもあるようである．したがって，ソフトウェア利用の際にはそのマ
ニュアルをよく読み，何を出力しているのかよく確認しなければ思わぬ間違いにつながるので注意
が必要である．実のところ，階級幅にかまわず，単純にその絶対度数を縦軸にプロットすることは
ある意味ではわかりやすく，分析の目的によっては十分有用でありうる．ここで「もどき」などと
称しているのは他に適切な名称を著者が思いつかなかったからで，必ずしもそういったグラフを絶
対的に否定する意図はない．しかし本書では，代表的な統計学の教科書の記述，例えば [17, p.19]
などに従い，あくまでも後述の (1.1) を満たすものをヒストグラムとよぶことにする．

　16)　もちろん，このヒストグラムもどきが何をどのように可視化したものなのか，明確に記され
ていれば誤解の余地はないのであるが，とかく人間は目で見た印象から直感的な断定を下してしま
いがちである．だからこそ，人間の直感をいたずらにミスリードしてしまわないように注意が必要
である．

　そこで，ヒストグラムにおいては，(階級幅)×(縦軸の数値) = (棒の面積) が絶対度数に比例するように，縦軸の数値を決めることにする．すなわち，ヒストグラムの棒の面積をある比例定数でもって

絶対度数のヒストグラム：

$$棒の面積 = 比例定数 \times 絶対度数 \tag{1.1}$$

となるようにすれば，ヒストグラムが与える視覚的印象は各階級について平等になる．棒グラフにおいては，棒の高さという 1 次元的な情報にしか意味がなかったが，ヒストグラムでは棒の面積という 2 次元的な情報を活かしている．ところで，(1.1) における比例定数はすべての階級に対して等しくとらなければ意味がないことは明らかであるが，いったいどのような定数とすればよいのだろうか．視覚的な情報という意味では比例定数が何であれ変わらないので何でもよいといえばよいのであるが，それを特にデータの要素数の逆数として，以下に述べる相対度数のヒストグラムを描くことはひとつの素直な方法である．

　絶対度数をデータの要素数で割った値を**相対度数 (relative frequency)** とよぶ．相対度数は定義上 $[0, 1]$ の範囲をとる．それは各階級にデータが出現した頻度を表すため，解釈が明確でわかりやすい．また，それを頻度論的確率と解釈すれば，数理統計学における確率密度関数[17]に対応するものとして理解できる．つまり，階級 $[a, b]$ の相対度数は，データの要素がその階級の範囲に出現する確率と解釈しうるわけである[18]．絶対度数のヒストグラムは，(1.1) において比例定数に関して任意性があるため，一意に定まらない．そこで特にその比例定数をデータの要素数の逆数とすること，つまり，各階級の棒の面積が相対度数に一致するように棒の高さを設定することが有用である．そのようにして作成されたヒストグラムが，相対度数のヒストグラムである．

---

17) 第 3 章の 3.3.2 項を参照．

18) ただし，頻度論的な確率で考えるにしても，データの要素数がそれほど多くなければ，相対度数 (=頻度) と確率の値は乖離するので，本章の範囲ではあくまでも確率ではなく相対度数を専ら問題にする．このように記述統計の範囲では，現在手元にあるデータについて，そこから可視化や要約統計量の計算を行い，さまざまな情報を引き出す，あるいは仮説を立てるのである．これに対して，第 3 章以降の確率論やそれに基づく推測統計では，このような頻度が，データの要素数を非常に大きくした極限において近づいていくような値としての (頻度論的) 確率なる概念を想定して分析していく．

相対度数のヒストグラム：

$$\text{棒の面積} = \frac{1}{\text{データの要素数}} \times \text{絶対度数}$$

$$= \text{相対度数}$$

図 1.2 の自治体の人口データを相対度数に変換すると以下のようになる.

表 1.3　相対度数表 (非等階級)

階　級	1–300	301–600	601–1500
相対度数	0.74	0.12	0.14

　これをヒストグラムにすると右の図
1.4 になる[19].今度は図 1.3 に比べて，
第 3 階級 $[601, 1500]$ に対応する縦軸の
数値は，第 2 階級 $[301, 600]$ のそれより
も小さくなっていることがわかる.

　ヒストグラムの階級幅をどう決める
かは，しばしば難しい問題である.あ
る程度の目安となる階級幅を与える公式

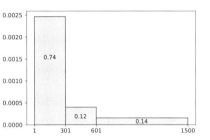

図 1.4　相対度数のヒストグラム

も考案されている[20]が，かといって，それが万能であるわけでもない.結局は
場合に応じて，データの分布状況を適切にとらえることのできる階級幅を適宜
決めなければならない.以下のグラフは，上の例と同じデータに関して，階級
幅を変えてヒストグラムを描いたものである.明らかに，階級幅に依存して，
ヒストグラムから受ける印象は異なるであろう.もちろん，図 1.5(a) のような
階級幅が大きすぎ，したがって階級数が極端に少ない場合ではそもそもデータ
の分布に関する情報が得られない.かといって，図 1.5(b) のような階級幅を極
端に小さくとったヒストグラムでは，これもまた全体的な分布状況を適切に反
映しているとはいい難い.これらのような極端なヒストグラムの中間に適切な
階級幅のヒストグラムが存在する.

---

19)　ここでは教育的なわかりやすさのために相対度数の数値をヒストグラム内に記しているが，
通常は，ヒストグラムの作成においてこのことは必須ではない.

20)　例えば [17, p.22] を参照せよ.

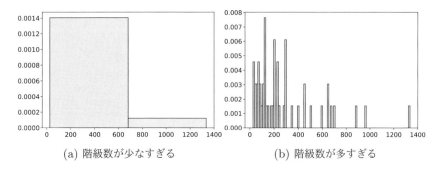

(a) 階級数が少なすぎる　　　　　　　　　(b) 階級数が多すぎる

図 1.5　あまり有用ではなさそうなヒストグラムの例

問題 1.9　学生 20 名 (A〜T) に，この 1 年で読んだ小説の冊数を聞いたところ，以下のような結果になったとする．この結果から，絶対度数および相対度数のヒストグラムを作成せよ．

学 生 番 号	A	B	C	D	E	F	G	H	I	J
読んだ小説の冊数	0	10	3	5	5	20	12	0	2	7
学 生 番 号	K	L	M	N	O	P	Q	R	S	T
読んだ小説の冊数	5	3	4	15	95	2	6	6	3	5

1.3　1 変量データの記述

　与えられたデータの構造をいくつかの数値に要約してしまうことができれば，その数値を見るだけでデータの大まかな特徴がわかって便利である．そのようなデータの特徴をとらえた数値を**要約統計量**または**記述統計量**とよぶ．ここではいくつかの代表的な要約統計量とその計算方法を学ぶ．

1.3.1　代表的な記述統計量

　まず，平均値とよばれる量が基本的で重要である．これは初等教育で学んで以来なじみ深く，また日常的にもよく使うであろう「データの全要素の値を合計し，要素数で割る」ことで得られる数値である．

平均値 (mean)：　データ $x = (x_1, x_2, \ldots, x_N)$ に対して，その平均値 $\overline{x}$ は

$$\overline{x} = \frac{x_1 + x_2 + \cdots + x_N}{N} = \frac{\displaystyle\sum_{i=1}^{N} x_i}{N} \tag{1.2}$$

で定義される．

例 1.10　5 人の学生の試験の点数が，各々 100 点，90 点，87 点，68 点，70 点であったとする．この 5 人の試験の点数の平均値は

$$\frac{100 + 90 + 87 + 68 + 70}{5} = 83 \quad (\text{点})$$

である．

　平均値の意味を直感的に把握しておくことは有用である．平均値とは，読んで字のごとく「平 (たい) らに均 (なら) す」ことで得られる数値である[21]．例えば N 人の漁師が魚を捕ったとき，いったん彼ら各々の収穫をすべて回収・合計し，その総漁獲高を N 人で均等に再配分したときの 1 人当たり配分量が，この場合の漁獲高の平均値となる．

　平均値は，集団の大まかな特徴を知るために便利であることは相違ないが，きわめて粗い情報であり，場合によっては，対象集団について知りたい情報を反映していないことがありうる．例えば，ある集団の年収額の平均値は，極端に所得の高いごく少数の富裕層のデータに引っ張られて平均値が高くなってしまうことが考えられる．このような場合，例えば，次に定義される中央値が適切である．

中央値 (median)：　中央値とは，おおざっぱにいえば，データの要素を小さい順に並べたとき，中央にある要素の値のことである．ただし「中央」とはいっても要素数が偶数か奇数かでその意味合いは異なる．正確には，要素値を小さい順に並べたデータ $x = (x_1, x_2, \ldots, x_N)$ $(x_1 \leq x_2 \leq \cdots \leq x_N)$ の中央値 x^{med} は

---

21)　この説明の仕方は [1, p.43] による．

$$x^{\mathrm{med}} = \begin{cases} x_{\frac{N+1}{2}} & (N \text{ が奇数の場合}), \\ \dfrac{x_{\frac{N}{2}} + x_{\frac{N}{2}+1}}{2} & (N \text{ が偶数の場合}) \end{cases} \qquad (1.3)$$

で定義される値である.

例 1.11 ある会社員 5 人の年収が以下のとおりであったとする.

個 人 名	一郎	次郎	三郎	四郎	五郎
年収 x (万円)	500	300	700	400	5000

この 5 人の年収の平均値と中央値をそれぞれ計算してみる. 平均値は

$$\overline{x} = \frac{500 + 300 + 700 + 400 + 5000}{5} = 1380 \quad (\text{万円}),$$

中央値は, いま $N = 5$ で奇数なので

$$x^{\mathrm{med}} = x_{\frac{5+1}{2}} = x_3 = 700 \quad (\text{万円})$$

と計算される.

問題 1.12 ある会社員 6 人の年収が以下のとおりであったとする.

個 人 名	一郎	次郎	三郎	四郎	五郎	六郎
年収 x (万円)	500	300	700	400	5000	350

この 6 人の年収の平均値と中央値をそれぞれ計算せよ.

また, 以下に定義される最頻値もしばしば有用な統計量である.

最頻値 (mode): 最頻値とは, データを構成する要素の値のうち最もデータ中に現れている回数が多いもののことである.

例 1.13 5 人の学生の成績データが $(30, 30, 30, 25, 90)$ だとしたら, 最頻値は 30 である. 最頻値はただ 1 つの値に決まるとは限らないので注意せよ. 例えば, 5 人の成績が $(10, 10, 20, 20, 65)$ であれば最頻値は 10 と 20 である. 成績が $(10, 20, 30, 40, 50)$ であれば 10, 20, 30, 40, 50 それぞれの値がすべて最頻値である.

問題 1.14 10人の学生 (A〜J) の成績データが以下のように与えられたとする.

学生番号	A	B	C	D	E	F	G	H	I	J
成績 (点)	100	80	80	75	65	30	80	95	5	80

このとき,最頻値を求めよ.

いずれにせよ,どのような場合でもデータのあらゆる特徴をとらえることのできる魔法のごとき統計量はない.状況に応じて,分析者はデータの特徴を可視化をふまえつつ勘案しながら,適切な統計量を選択しなければならない.

ここまでで紹介した統計量は,データの**代表値 (average)** とよばれ,データ全体の傾向あるいは特徴を一つの代表的な値で表示するという性質のものであった.しかし,世の中のデータを見渡してみると代表値だけをみていては現象の本質を見誤ることがある.例えば「5人の人に所得額を聞いて,平均値を算出したら300万円だった」という状況を考えてみよう.極端な場合,

- 全員が平等に300万円の所得を得ている,
- 一人だけ1500万円の所得だが,他は所得なし

という可能性がある.しかしこのどちらでも平均所得は同じである.したがって,平均値だけでなく1つのデータ内で数値がどのように分布しているか——いわばデータ自体がもつ散らばり具合——に関する情報がほしいところである.このようなデータを構成する要素の分布状況を把握するという視点は,すでにヒストグラムによる可視化を行った際にその一端が現れていたのであるが,以下では,それを定量的に表すことについて説明する.

データの要素の分布状況を表すための指標として,分散および標準偏差が用いられる.定義は次のとおりである.

標本分散 (sample variance): データ $x = (x_1, x_2, \ldots, x_N)$ に対して,その**分散** V は

$$V = \frac{1}{N} \sum_{i=1}^{N} (x_i - \overline{x})^2 \tag{1.4}$$

で定義される.ただしここで $\overline{x}$ はデータの平均値 (1.2) である.なお,正確には,(1.4) は**標本分散**とよばれる[22].

標本標準偏差 (sample standard deviation)：　分散 V の平方根をとったもの
$$S = \sqrt{V}$$
が**標準偏差**である．標本分散の平方根によって計算されるので，特に区別が必要な場合は，これを**標本標準偏差**とよぶ．

分散 (1.4) はいったい何を計算しているのだろうか，その意味を考えてみる[23]．例として，5 人分の成績が次の
$$x = (21, 16, 19, 21, 23)$$
のとおり，一組のデータとして与えられたとする．この平均値は 20 になる．したがって，(1.4) にでてくる $x_i - \overline{x}$ $(i = 1, 2, \ldots, 5)$ という項（**偏差 (deviation)** とよばれる）はそれぞれ
$$21 - 20 = 1,$$
$$16 - 20 = -4,$$
$$19 - 20 = -1,$$
$$21 - 20 = 1,$$
$$23 - 20 = 3$$
となる．偏差は各個体の成績が，**平均値からどれくらい離れているか**，離れる方向も含めて表している．つまり，偏差が正であればその数値は平均値より上の方向に離れており，逆に負であれば平均値より下の方向に離れているというわけである．そこで「データの要素の散らばり具合」を「データの要素が平均値からどれほど離れているか」，つまり偏差，と解釈することにする．

そこで，データの各要素の偏差を平均すれば，その 1 つのデータがもっている要素が全体としてどれほど散らばって分布しているのか，データそれ自体の

---

22)　数理統計学ではこれとは別に**不偏分散**というものがでてくる．それは，(1.4) の $1/N$ を $1/(N-1)$ として計算されるものである．不偏分散に関しては，その意義も含めて後の章に譲るとして，本章では標本分散を単に分散と称し用いる．また文献によっては，記述統計の範囲においても不偏分散でもって標本分散と定義するものもあり，種々の文献を参照するにあたっては，その定義を確認することに特に注意が必要である．

23)　分散の意味に関して，「偏差の平均値ではなぜいけないか」といったところからはじまるような丁寧な導入をしている文献が意外に少ないのであるが，[14, pp.17-21] は大変丁寧である．ここでも同書に拠って説明した．また，[18, pp.93-94] も同様のわかりやすい分散の導入が簡潔になされている．

もつ散らばり具合，の指標になるのではないかと期待するのが人情である．ところが，こうして求めた偏差の平均値は必ず 0 になってしまう．

> **問題 1.15**　上例のデータ $x = (21, 16, 19, 21, 23)$ について偏差の平均値を計算し，それが 0 になることを確認せよ．

これはこの例に特殊なことではなく，一般的に偏差の平均値は 0 になってしまうことが数式で簡単に確かめられる．実際，次式のとおり，偏差の和をとるところで値が 0 になってしまう．

$$\sum_{i=1}^{N} (x_i - \overline{x}) = \sum_{i=1}^{N} x_i - N\overline{x} = N\overline{x} - N\overline{x} = 0.$$

直感的にいえば，平均値よりも上の値をもつ個体がいればそれを打ち消すように平均値より下の値をもつ個体もいる——その逆も然りである——ため，すべての偏差が打ち消しあってしまうのである．

しかし，上の例に関していえば，どうみてもデータは散らばっている——すべての要素が平均値にピタリと等しくはなっていないという意味で散らばりがある——ので，散らばり具合が 0 というのは，おかしい．つまり，偏差の平均値は散らばり具合の指標としては役に立たない．そこで，**偏差の 2 乗の平均値**を散らばりの指標とすることにしたものが分散にほかならない．2 乗することで「絶対的な平均値からの離れ具合」のみを問題にして「平均値より上か下か」という方向の情報はあえて捨ててしまうのである．これにより，正負が打ち消しあうことがなくなり，絶対的な平均値からの離れ具合のみを問題にすることができるわけである[24]．

さらに，わざわざ平方根をとって分散を標準偏差にすることは，単位を揃える操作を行っていると考えることができる．例えば，テストの成績の単位を "点" とすれば，平均値 $\overline{x}$ や偏差 $x_i - \overline{x}$ は "点" の単位をもつが，偏差の 2 乗，したがって分散は "点^2" という単位をもつことになる．しかし，これではもとの成績データやその平均値と異なる単位をもつことになる．そこで，単位を揃

---

24)　勘が鋭い読者は，「絶対的な平均値からの離れ具合のみを問題にするのであれば，2 乗せずとも，単に偏差の絶対値をとってそれの平均値を計算すればよいのではないかと思われるだろう．実際，そのとおりであり，そのようにして計算した指標を**平均偏差**とよぶ（詳しくは，[17, pp.36-37]）．しかし数学的な扱いのしやすさといった理由によって，分散および標準偏差が用いられることが多い．絶対値 $|x|$ というのは原点 $x = 0$ で微分不可能なため，若干の扱いにくさがあるのである．

えるために分散の平方根をとれば，単位も $\sqrt{点^2} = 点$ となるわけである．

例 1.16　5 人の所得データに関して，次の 2 つの場合，

(i) 5 人全員が 300 万円の所得を得ている場合，

(ii) 1 人だけが 1500 万円，他の 4 人が 0 円の所得を得ている場合

を考える．このとき，各場合に関して分散 V と標準偏差 S を計算してみる．

どちらの場合も平均は 300 万円である．したがって (i) の場合では，

$$V = \sum_{i=1}^{5}(300 - 300)^2 = 0,$$

したがって，標準偏差は $S = \sqrt{0} = 0$．一方で，(ii) の場合には，

$$V = (1500 - 300)^2 + (0 - 300)^2 + (0 - 300)^2 + (0 - 300)^2 + (0 - 300)^2$$

$$= 1440000 + 90000 + 90000 + 90000 + 90000$$

$$= 1800000,$$

したがって，$S = \sqrt{1800000} \approx 1342$．これにより，(i) ではデータのもつ散らばり具合は小さく（まったくなく），(ii) でのそれは相対的に大きいことがわかる．

問題 1.17　5 人の個人の所得が以下の表のとおりであったとする．

個 人 名	一郎	次郎	三郎	四郎	五郎
年収 (万円)	300	700	200	150	150

このとき，この所得データの分散と標準偏差を計算せよ．

1.3.2　データの標準化

　異なる種類のテストを受けたときに，2 つの成績を比較して単純に点数が高かったほうを「よい出来だった」とはいえなさそうである．それぞれのテストを受けた集団の平均値や分散によって，各テストでの自分の「出来」は左右されるからである．例えば，ある 2 つの試験 A と B を受けたとしよう．試験 A においては，それを受けた受験者全体の平均は 80 点，B のそれは 30 点だったとすると，仮にあなたの点数が両方の試験とも 50 点だったとしても，その意味合いは異なってきそうではないだろうか．また，2 つの試験の平均点は等しかったとしても，試験 A では受験者の全員が平均点に近い点数をとるというき

わめて分散の小さい分布であって，一方，試験 B では，100 点満点もいれば 0 点もいるというように分散が大きな分布をしていれば，それもまた，あなたの 50 点ということの意味合いに影響を与えそうではなかろうか.

試験の成績だけに限らず一般のデータ分析においても，異なるデータの集合を比較する際に，平均値や分散に影響されないデータの評価を行うためには**標準化 (standardization)** が必要である．標準化とは，データ $x = (x_1, x_2, \ldots, x_N)$ が与えられたとき，それをもとに，その平均値が 0 で，分散が 1 (したがって，標準偏差も 1) になるようなデータ $z = (z_1, z_2, \ldots, z_N)$ に変換することである．具体的には z を

$$z_i = \frac{x_i - \overline{x}}{S} \quad (i = 1, 2, \ldots, N)$$

とすればよい．ここで，$\overline{x}$ は x の平均値で，S は x の標準偏差である.

標準化されたデータ z の平均値 $\bar{z}$ が 0 であることは以下のように示される.

$$\begin{aligned}
\bar{z} &= \frac{1}{N} \sum_{i=1}^{N} z_i = \frac{1}{N} \sum_{i=1}^{N} \frac{x_i - \overline{x}}{S} \\
&= \frac{1}{NS} \sum_{i=1}^{N} (x_i - \overline{x}) \\
&= \frac{1}{NS} (N\overline{x} - N\overline{x}) = 0.
\end{aligned} \tag{1.5}$$

また，z の分散が 1 であることは以下のように示される.

$$\begin{aligned}
\frac{1}{N} \sum_{i=1}^{N} (z_i - \overline{z})^2 &= \frac{1}{N} \sum_{i=1}^{N} z_i^2 \\
&= \frac{1}{N} \sum_{i=1}^{N} \left(\frac{x_i - \overline{x}}{S} \right)^2 \\
&= \frac{1}{NS^2} \sum_{i=1}^{N} (x_i - \overline{x})^2 \\
&= \frac{1}{S^2} S^2 = 1.
\end{aligned} \tag{1.6}$$

例 1.18 試験 A の受験者全体で，成績の平均値が 80 点で，標準偏差は 10 点であった．このとき，あなたのこの試験の成績が 50 点であるとすると，それは標準化されると

$$\frac{50 - 80}{10} = -3$$

と評価される．一方，試験 B の受験者全体では，成績の平均値が 30 点で，

標準偏差は 10 点であったとすると，あなたの成績 50 点は標準化されると

$$\frac{50 - 30}{10} = 2$$

と評価される．よって，あなたの成績は同じ 50 点であっても，試験 B にお
けるそれのほうが出来がよかったといえる．

例 1.19 試験 A の受験者全体で，成績の平均値が 70 点で，標準偏差は 1 点
であった．このとき，あなたのこの試験の成績が 50 点であるとすると，そ
れは標準化されると

$$\frac{50 - 70}{1} = -20$$

と評価される．一方，試験 B の受験者全体では，成績の平均値が 70 点で，
標準偏差は 10 点であったとすると，あなたの成績 50 点は標準化されると

$$\frac{50 - 70}{10} = -2$$

と評価される．よって，あなたの成績は同じ 50 点であっても，試験 B にお
けるそれのほうが出来がよかったといえる．

このデータの標準化を応用することで，任意のデータを，任意の平均値 a と
標準偏差 b (≥ 0) となるように変換することができる．実際，もとのデータ
x $(\in \mathbb{R}^N)$ に対して，新しいデータ z $(\in \mathbb{R}^N)$ を

$$z_i = a + b \times \frac{x_i - \overline{x}}{S} \quad (i = 1, 2, \ldots, N) \tag{1.7}$$

で定めることで，z の平均値は a，標準偏差は b (≥ 0) とすることができる．
ここで，$\overline{x}$ は x の平均値で，S は x の標準偏差である．例えば，読者が慣れ親
しんだ**偏差値**という数値は，対象となる集団の成績データを，平均値が 50 点
で標準偏差が 10 点になるように変換したもののことである（つまり (1.7) で
$a = 50, b = 10$ とする）．

問題 1.20 (1.7) によって変換されたデータ z について，その平均値が a，標準偏差
が b になることを示せ．（ヒント：(1.5) と (1.6) を参考にせよ.）

問題 1.21 ある試験の受験者全体の成績平均値は 70 点，標準偏差は 5 点だったと
する.
(1) このとき，この試験における 80 点という点数は偏差値でいうとどのような数値

になるか，計算せよ．

(2) このとき，ちょうど偏差値が 50 になる点数は何点か，計算せよ．

問題 1.22 一般的に，任意の試験において，偏差値がちょうど 50 になる点数はどのような点数か，偏差値の定義に基づいて述べよ．

1.4 多変量データの可視化

多変量データに対しては，それをまずは 2 変量データの分析に還元してみることが基本的であろう．そこで，以下 2 変量データの分析手法について解説していく．2 変量のデータ x と y について，もちろんそれぞれは 1 変量データであるから，それらの棒グラフやヒストグラムなどを描くことは可能である．2 変量データに特徴的な問題として，2 つのデータの**関係性**がどうなっているかを知りたい，ということがある．そのような関係性を視覚的に発見するには**散布図 (scatter diagram)** を描くことが有益である．散布図とは，2 つのデータ $x = (x_1, x_2, \ldots, x_N)$ と $y = (y_1, y_2, \ldots, y_N)$ に対して (x_i, y_i) $(i = 1, 2, \ldots, N)$ を 2 次元平面上に座標としてプロットしたものである．

例えば，あるお店での一日の焼き芋の売上げ額のデータ x と，各売上げ額を記録した日の気温のデータ y が以下のようであったとする．

表 1.4 焼き芋の売上げ額と気温

売上げ額 x (千円)	230	220	100	250	380	500	420
気温 y (°C)	25	23	28	20	3	5	8

これを散布図にするには，

$$(x_1, y_1) = (230, 25),$$
$$(x_2, y_2) = (220, 23),$$
$$(x_3, y_3) = (100, 28),$$
$$(x_4, y_4) = (250, 20),$$
$$(x_5, y_5) = (380, 3),$$
$$(x_6, y_6) = (500, 5),$$
$$(x_7, y_7) = (420, 8)$$

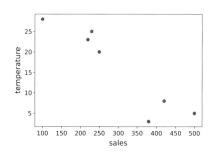

図 1.6 売上げ (sales) と気温 (temperature) の散布図

という7つの点を平面上にプロットすると図1.6のようになる．これをみると，気温が高いほど売上げ額が減少する，という関係性をなんとなくみてとることができるであろう．もちろん，実際にこれほどに少数の要素からなるデータだけから確定的な結論をだすことには慎重でなければならないが，可視化によって，議論の出発点となるような仮説を直感的に把握することが可能になる．

> **問題 1.23**　ある8人の学生の一日のインターネット利用時間と学業成績が以下の表のようであったとする．このとき，インターネット利用時間と学業成績のデータを散布図に描け．
>
> | インターネット利用時間 (h) | 3 | 0 | 10 | 5 | 4 | 5 | 1 | 6 |
> |---|---|---|---|---|---|---|---|---|
> | 学業成績 (点) | 90 | 25 | 23 | 98 | 100 | 30 | 56 | 70 |

1.5　多変量データの記述

多変量データも1変量データの集まりであるから，もちろんそれぞれのデータの記述統計量を計算することは可能である．多変量データではさらに踏み込んで，それらデータ間の関係性を数量的に評価する指標がほしいところである．

1.5.1　2変量データ間の相関

そのような指標を導入するために共分散という量を考える．これは2変量データ間のある種の関係性の強さ[25]を評価する指標である．

> **共分散 (covariance)：**　2つのデータ $x = (x_1, x_2, \ldots, x_N)$ と $y = (y_1, y_2, \ldots, y_N)$ に対して，x と y の共分散とは
> $$\mathrm{Cov}(x, y) = \frac{1}{N} \sum_{i=1}^{N} (x_i - \overline{x})(y_i - \overline{y}) \tag{1.8}$$
> で定義される量である．ここに，$\overline{x}, \overline{y}$ はそれぞれ x, y の平均値である．

共分散 (1.8) は分散の一般化概念である．なぜなら，$x = y$ の場合は (1.8) はデータ x および y の分散の定義式に等しくなるからである．

共分散の定義 (1.8) をみながらその意味を考えていこう．(1.8) の各項は，

---

25)　ただし，後で述べるとおり，データの単位を変えれば共分散の値は変わるので，共分散で測られる「強さ」という意味には注意が必要である．

$$(x_i - \overline{x})(y_i - \overline{y})$$

という，各要素の偏差の積からなっている．これを簡単に"偏差積"とよぼう．

まず，$x_i > \overline{x}$ かつ $y_i > \overline{y}$ ならば「x_i が平均よりも大きいとき，他方 y_i も平均より大きい」という関係があることになる[26]．これを「i 番目の値について，x と y には正の関係性がある」と仮によぶことにしよう．このとき，偏差積は正になる．

$$(x_i - \overline{x})(y_i - \overline{y}) > 0$$

次に，$x_i > \overline{x}$ かつ $y_i < \overline{y}$，もしくは $x_i < \overline{x}$ かつ $y_i > \overline{y}$ ならば「x_i が平均よりも大きいとき，y_i は平均より小さい (あるいはその逆)」という関係があることになる．これを仮に「i 番目の値について，x と y には負の関係性がある」とよぶことにしよう．このとき，偏差積は負になる．

$$(x_i - \overline{x})(y_i - \overline{y}) < 0$$

最後に，$x_i < \overline{x}$ かつ $y_i < \overline{y}$ ならば「x_i が平均よりも小さいとき，y_i も平均より小さい」という関係があることになる．これを「i 番目の値について，x と y には正の関係性がある」とよぶことにしよう．このとき，偏差積は正になる．

$$(x_i - \overline{x})(y_i - \overline{y}) > 0$$

つまり，i 番目の値に関する偏差積 $(x_i - \overline{x})(y_i - \overline{y})$ は，2 つのデータ x と y に関して，それらの i 番目の値がもつ (正または負の) 関係性の程度を表す．この偏差積をすべてのラベル $i = 1, 2, \ldots, N$ について足し上げて，それを要素数 N で割っているから，結局，共分散とは偏差積の平均値にほかならない．したがってその意味するところは，2 つのデータ x と y に関する**全体的な (正負の向きも含めた) 関係性の強さ**ということになる．

この関係性のことを (正または負の) **相関 (correlation)** とよび，2 つのデータ x と y に関して，

- $\mathrm{Cov}(x, y) > 0$ のとき「x と y には正の相関がある」
- $\mathrm{Cov}(x, y) < 0$ のとき「x と y には負の相関がある」
- $\mathrm{Cov}(x, y) = 0$ のとき「x と y には相関がない (無相関)」

---

26) この場合，順番は重要でないから「y_i が平均よりも大きいとき，他方 x_i も平均より大きい」ということも可能である．ところでこの関係を，例えば「x_i が大きいことに因って y_i が大きくなる」などといった因果関係としてとらえては (これだけでは) ならない．ここでは，ただ数値のうえで一方が平均より大きいときに他方も平均より大きいという (因果か偶然かはわからない) 関係性が存在するというだけのことである．これは 1.5.2 項で相関と因果の区別として改めて注意する．

という. 相関の程度の強さ自体は共分散の絶対値で測られるのであって, 符号
はその相関の正か負かという"向き"を表すことに注意されたい. つまり, 共
分散が負であれば, それは相関が小さいのではなく, 負の相関があるというこ
とである.

例 1.24 表 1.4 の焼き芋の売上げ額と気温のデータに対して, 共分散を計
算する. まず, 売上げ額 x の平均値は

$$\overline{x} = \frac{230 + 220 + 100 + 250 + 380 + 500 + 420}{7} = 300 \quad (\text{千円}),$$

次に, 気温 y の平均値は

$$\overline{y} = \frac{25 + 23 + 28 + 20 + 3 + 5 + 8}{7} = 16 \quad (^\circ\text{C}).$$

そこで, 共分散は

$$\begin{aligned}
\text{Cov}(x, y) = \frac{1}{7} \big[& (230 - 300)(25 - 16) + (220 - 300)(23 - 16) \\
& + (100 - 300)(28 - 16) + (250 - 300)(20 - 16) \\
& + (380 - 300)(3 - 16) + (500 - 300)(5 - 16) \\
& + (420 - 300)(8 - 16) \big] \approx -1141
\end{aligned}$$

となり, 負の相関があることがわかる.

問題 1.25 問題 1.23 のデータについて共分散を計算せよ.

共分散は確かに 2 つのデータ間の相関を測る指標であるが, データを構成す
る数値のスケールによって, その絶対値はいくらでも大きくすることができ
る. 例えば, データ x と y がセンチメートル (cm) の単位をもっていたとする
と, それをミリメートル (mm) 表示に直したデータ x', y' はもとのデータと
$x' = 10x$, $y' = 10y$ という関係にある. もちろん, 2 変量間の関係性は以前と
変化ないはずだが, そこでは共分散は

$$\begin{aligned}
\text{Cov}(x', y') &= \frac{1}{N} \sum_{i=1}^{N} (x' - \overline{x'})(y' - \overline{y'}) \\
&= \frac{1}{N} \sum_{i=1}^{N} 10(x - \overline{x}) 10(y - \overline{y}) \\
&= \frac{100}{N} \sum_{i=1}^{N} 10(x - \overline{x}) 10(y - \overline{y}) = 100 \times \text{Cov}(x, y)
\end{aligned}$$

という形で，その値が 100 倍になる．

そこで，相関の程度を測る指標を一定の範囲内に収まるように工夫したものが以下の相関係数である．2 変量の相関を測る指標としては，共分散よりも相関係数を用いるほうが一般的である．

相関係数 (correlation coefficient)： 2 つのデータ $x = (x_1, x_2, \ldots, x_N)$ と $y = (y_1, y_2, \ldots, y_N)$ に対して，x と y の相関係数とは

$$r(x, y) = \frac{\mathrm{Cov}(x, y)}{S(x) S(y)} = \frac{\displaystyle\sum_{i=1}^{N} (x_i - \overline{x})(y_i - \overline{y})}{\sqrt{\displaystyle\sum_{i=1}^{N} (x_i - \overline{x})^2} \sqrt{\displaystyle\sum_{i=1}^{N} (y_i - \overline{y})^2}} \tag{1.9}$$

で定義される量である．ここに，$\mathrm{Cov}(x, y)$ は x と y の共分散，$S(x)$ と $S(y)$ はそれぞれ x, y の標準偏差である．

相関係数が正，負，および 0 のときに，それぞれ**正の相関**，**負の相関**，および**無相関**ということは共分散の場合と同様である．実際，(1.9) 中で分母の標準偏差は正であるから[27)]，相関係数の符号は分子の共分散のそれで決まる．

> **例 1.26** 表 1.4 の焼き芋の売上げ額と気温のデータに対して，相関係数を計算する．共分散はすでに例 1.24 で約 -1141 と計算できているので，あとは焼き芋の売上げ額と気温のデータの標準偏差がわかればよい．
>
> 焼き芋の売上げ額データの分散は
>
> $$\begin{aligned} V_{売上} = {} & (230 - 300)^2 + (22 - 300)^2 + (100 - 300)^2 + (250 - 300)^2 \\ & + (380 - 300)^2 + (500 - 300)^2 + (400 - 300)^2 \\ \approx {} & 16371 \end{aligned}$$
>
> となる．したがって，その標準偏差は $\sqrt{16371} \approx 128$．気温データの分散は
>
> $$\begin{aligned} V_{気温} = {} & (25 - 16)^2 + (23 - 16)^2 + (28 - 16)^2 + (20 - 16)^2 \\ & + (3 - 16)^2 + (5 - 16)^2 + (8 - 16)^2 \\ = {} & 92 \end{aligned}$$
>
> となる．したがって，その標準偏差は $\sqrt{92} \approx 9.59$．

---

27) x もしくは y の標準偏差が 0 になる場合は相関係数を定義しないことにする．

以上より，このデータの相関係数は

$$r(x, y) = \frac{\mathrm{Cov}(x, y)}{\sqrt{V_{売上}}\sqrt{V_{気温}}} \approx \frac{-1141}{128 \times 9.59} \approx -0.93$$

と計算される．

問題 1.27　問題 1.23 のデータについて相関係数を計算せよ．

相関係数は以下の性質

$$-1 \leq r(x, y) \leq 1 \tag{1.10}$$

をもつ．すなわち，どんなデータであっても，相関係数の値は -1 以上 1 以下の範囲に収まる．もちろんこれは，その絶対値が 1 以下であるということ，

$$|r(x, y)| \leq 1$$

と同じである．統計量の単位という観点からみれば，相関係数は共分散を「無単位化」したものとなっている．例えば，x が焼き芋の売上げ額データで "円" の単位，y は気温で "°C" の単位をもっているとする．すると共分散は "円 $\times$°C" という，それ自体では意味不明瞭な単位をもつことになる．相関係数においては，それを x, y それぞれの標準偏差 (その単位はそれぞれ "円" と "°C") で除することで，単位を消去してあるのである．

なお，(1.10) を証明するにはシュワルツの不等式 (あるいはコーシー・シュワルツの不等式)[28] を用いると容易である．シュワルツの不等式によって，ベクトル $X, Y \in \mathbb{R}^N$ に対して

$$\left| \sum_{i=1}^{N} X_i Y_i \right| \leq \sqrt{\sum_{i=1}^{N} X_i^2} \sqrt{\sum_{i=1}^{N} Y_i^2} \tag{1.11}$$

が成り立つことが主張される．なお，ここで等号が成り立つのは，実数 λ によって $Y = \lambda X$ となる場合に限る．これにより直ちに，データ x, y に対して

$$\left| \sum_{i=1}^{N} (x_i - \overline{x})(y_i - \overline{y}) \right| \leq \sqrt{\sum_{i=1}^{N} (x_i - \overline{x})^2} \sqrt{\sum_{i=1}^{N} (y_i - \overline{y})^2} \tag{1.12}$$

となる．ここで右辺によって両辺を除すれば $|r(x, y)| \leq 1$ となり，(1.10) が示される．

---

28)　シュワルツの不等式およびその証明について，例えば，[7, p.62] や [10, pp.36-37] を参照せよ．

　例えば，センチメートル (cm) の単位をもっているデータをミリメートル (mm) で表示したり，キログラム (kg) の単位をもっているデータをグラム (g) で表示したりなど，データはしばしば単位の変換が行われる．そのような単位の変換に対して，相関係数 (1.9) がどのように影響を受けるかを考察しよう．任意の実数 a, b, c, d について次のようなデータの変換

$$x'_i = ax_i + b \quad (i = 1, 2, \ldots, N),$$
$$y'_i = cy_i + d \quad (i = 1, 2, \ldots, N) \tag{1.13}$$

を考える．つまり，それぞれある単位で表示されているデータ x および y について，それらを構成する成分を定数倍し定数を加えることで，新しい単位系での表示 x' および y' に変換される場合を考える．まず次を確認しよう．

問題 1.28 x' の平均値 $\overline{x'}$ について $\overline{x'} = a\overline{x} + b$ を示せ．

　もちろん，y' の平均値 $\overline{y'}$ については $\overline{y'} = c\overline{y} + d$ である．このことを利用しつつ x' と y' の相関係数を計算すれば

$$r(x', y') = \frac{\displaystyle\sum_{i=1}^{N} (ax_i + b - (a\overline{x} + b))(cy_i + d - (c\overline{y} + d))}{\sqrt{\displaystyle\sum_{i=1}^{N}(ax_i + b - (a\overline{x} + b))^2}\sqrt{\displaystyle\sum_{i=1}^{N}(cy_i + d - (c\overline{y} + d))^2}}$$

$$= \frac{ac\displaystyle\sum_{i=1}^{N}(x_i - \overline{x})(y_i - \overline{y})}{\sqrt{a^2}\sqrt{c^2}\sqrt{\displaystyle\sum_{i=1}^{N}(x_i - \overline{x})^2}\sqrt{\displaystyle\sum_{i=1}^{N}(y_i - \overline{y})^2}}$$

$$= \frac{ac}{|a|\,|c|} \cdot \frac{\displaystyle\sum_{i=1}^{N}(x_i - \overline{x})(y_i - \overline{y})}{\sqrt{\displaystyle\sum_{i=1}^{N}(x_i - \overline{x})^2}\sqrt{\displaystyle\sum_{i=1}^{N}(y_i - \overline{y})^2}} = \mathrm{sgn}(ac) \cdot r(x, y).$$

ここに sgn は符号関数で，

$$\mathrm{sgn}(x) = \begin{cases} 1 & (x > 0 \text{ のとき}), \\ 0 & (x = 0 \text{ のとき}), \\ -1 & (x < 0 \text{ のとき}). \end{cases}$$

したがって, $ac > 0$ であれば $r(x', y') = r(x, y)$ となり, $ac < 0$ であれば, $r(x', y') = -r(x, y)$ となる. 特に, 単位の変換 (1.13) に対して相関係数が不変になるためには, $ac > 0$ でなければならないことに注意せよ.

> **問題 1.29** 温度の単位を摂氏 (°C) から華氏 (°F) に変換する公式は $f = 1.8 \times c + 32$ である[29]. ここで f は華氏で表示された温度, c は摂氏で表示された温度である. また, 為替相場を 1 ドル = 100 円であると仮定する. このとき,
> (1) 焼き芋の売上げ額と気温のデータ (表1.4) が, それぞれ円と摂氏 (°C) での表示であったとして, それをドルと華氏 (°F) での表示に変換せよ.
> (2) それについて散布図を描き, また相関係数を計算せよ.

相関係数で測られるデータ間の関係の強さについては, その「関係」という日常語のニュアンスに引っ張られて拡大解釈をしてしまわないように注意しなければならない. それはあくまでも数理的に (1.9) で測られるところの関係の強さでしかないのであって, それ以上でも以下でもない. 実のところ, (1.8) は正確には**ピアソンの相関係数 (Pearson correlation coefficient)** とよばれるものであり, それはあくまでも 2 変量間の**線形関係の強さ**を表す指標であり, $y = ax + b$ という 1 次関数の関係 (ただし a は 0 ではない任意の実数, b は任意の実数) があるときに限り「最も相関が強い」と判定する指標である. 線形以外の (非線形とよぶ) 関係が誰の目にも明らかなほど明確にあったとしても (1.9) ではとらえることができない. 実際, 定義式 (1.9) により, 2 つのデータ x と y が, $a \, (\neq 0)$ と b を実数として $y = ax + b$ という直線関係にあることと, 相関係数の絶対値が最大値 1 となることは**同値**であることを示すことができる. つまり,

$$|r(x, y)| = 1 \iff y_i = ax_i + b \; (i = 1, 2, \ldots, N). \tag{1.14}$$
$$\text{ただし,} \; a \, (\neq 0) \in \mathbb{R}, \, b \in \mathbb{R}.$$

　　ここで「同値」ということの意味とその記号 $\iff$ について未修の読者のために補足しておこう. 一般に, ある命題 A と B があるときに, 「A ならば B」という推論を数学では, 以下のように矢印様の記号を用いて「A $\Rightarrow$ B」と書く[30].「A

---

29)　[6, p.1156]

30)　B $\Leftarrow$ A と書いてもよいが, 場面に応じてわかりやすく書くことが鉄則である. 特に事情がなければ, 文章を読む目線の流れにあわせて左から右の矢印を用いたほうがよさそうである.

ならば B」が成り立つとしてもその逆「B ならば A」が成り立つとは限らないことは我々の日常感覚からも明らかであろう．例えば「猫ならば哺乳類である」は正しいが，「哺乳類ならば猫である」は成り立たない．そこで特に「A ならば B」も「B ならば A」も両方が成り立つ場合を「A と B は同値である」などといって「A $\iff$ B」と書くのである[31]．このいい方には「論理的には，どちらの一方の命題からももう片方の命題が導かれるのだから，どちらも "同じ" ことだ」というニュアンスがある．例えば，

$$x \in [1, 100] \iff 1 \le x \le 100$$

などは明らかであろう．本章ではこれ以上詳しく論理の扱いにふれない[32]．

では，(1.14) を示そう．

($\Leftarrow$): まず (1.14) において，「$y_i = ax_i + b$ ならば $|r(x, y)| = 1$ となる」ことを示す．定義式 (1.9) において $y_i = ax_i + b$ $(1 = 1, 2, \ldots, N)$ を代入すると

$$r(x, y) = \frac{\sum\limits_{i=1}^{N}(x_i - \overline{x})(ax_i + b - (a\overline{x} + b))}{\sqrt{\sum\limits_{i=1}^{N}(x_i - \overline{x})^2}\sqrt{\sum\limits_{i=1}^{N}(ax_i + b - (a\overline{x} + b))^2}}$$

$$= \frac{\sum\limits_{i=1}^{N}(x_i - \overline{x})(ax_i - a\overline{x})}{\sqrt{\sum\limits_{i=1}^{N}(x_i - \overline{x})^2}\sqrt{\sum\limits_{i=1}^{N}(ax_i - a\overline{x})^2}}$$

$$= \frac{a}{\sqrt{a^2}} \cdot \frac{\sum\limits_{i=1}^{N}(x_i - \overline{x})(x_i - \overline{x})}{\sqrt{\sum\limits_{i=1}^{N}(x_i - \overline{x})^2}\sqrt{\sum\limits_{i=1}^{N}(x_i - \overline{x})^2}} = \text{sgn}(a)$$

となるため，$a > 0$ ならば x と y は正の方向に最大の，$a < 0$ ならば負の方向に最大の相関 $|r(x, y)| = 1$ となる．

($\Rightarrow$): 次に，これの逆である「$|r(x, y)| = 1$ ならば $y_i = ax_i + b$ となる」ことを示す．$|r(x, y)| = 1$ ならば，(1.12) において等号が成り立つ．これはシュワルツの不等式 (1.11) において等号が成り立つことにほかならない．シュワル

---

31)　もちろん，A $\Rightarrow$ B かつ B $\Rightarrow$ A といっても同じことである．

32)　数理的な学問を修めるには，数学で普通に使われる推論を行うためのいくつかの約束に慣れる必要はある．数学で必要な範囲での論理記号の扱いなどに関しては [10, pp.399-402] に簡潔なまとめがある．

ツの不等式において等号が成り立つのは，ベクトル X と Y が実数 λ によって $Y = \lambda X$ という関係にあるときに限る．したがって，そこから直ちに (1.12) において等号が成り立つのは，x と y が $x_i - \overline{x} = \lambda(y_i - \overline{y})$ $(i = 1, 2, \ldots, N)$ という関係にある場合に限るということがわかる．したがって，

$$y_i = \frac{1}{\lambda} x_i - \frac{\overline{x}}{\lambda} + \overline{y} \quad (i = 1, 2, \ldots, N)$$

となるが，$a = \dfrac{1}{\lambda}$, $b = -\dfrac{\overline{x}}{\lambda} + \overline{y}$ として $y_i = ax_i + b$ $(i = 1, 2, \ldots, N)$ という関係にあることがわかる．

　ピアソンの相関係数が，非線形関係をとらえられないことの例をあげよう．

例 **1.30**　データ $x \in \mathbb{R}^{31}$ を，閉区間 $[-3, 3]$ を 0.2 ずつの等間隔で区切って $x = (-3, -2.8, -2.6, \ldots, 0, \ldots, 2.6, 2.8, 3)$ と与える．そしてデータ y は 4 次関数

$$y_i = x_i^4 - 10x_i^2 \quad (i = 1, 2, \ldots, 31)$$

で与える．これを散布図に図示すると，右の図 1.7 のようになる．

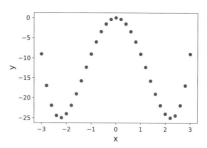

図 1.7　4 次関数に従うデータ

　もちろん，この 2 つのデータは 4 次関数という明確なる法則関係を有するわけであるが，しかし，共分散を計算すると $\mathrm{Cov}(x, y) = 0$ となり，したがって相関係数も 0 となる．

問題 **1.31**　2 つのデータ x, y が以下のように与えられたとする．

x	0	$-\frac{\sqrt{2}}{2}$	-1	$-\frac{\sqrt{2}}{2}$	0	$\frac{\sqrt{2}}{2}$	1	$\frac{\sqrt{2}}{2}$
y	1	$-\frac{\sqrt{2}}{2}$	0	$-\frac{\sqrt{2}}{2}$	-1	$-\frac{\sqrt{2}}{2}$	0	$\frac{\sqrt{2}}{2}$

このデータを散布図として可視化し，さらに共分散を計算せよ．

1.5.2　相関は因果を意味しない

　「相関は因果を意味しない」ということは肝に銘じておかなければならない．つまり，x と y というデータの間で仮にきわめて強い相関があることがわかっ

たとしても，そこから直ちに x は y の原因である (あるいは y が x の原因である) ということを導くことはできない．もしかすると，本当に因果関係があり，相関は因果を反映しているかもしれない．しかし，まったく因果関係がなくても，相関がみられることは往々にしてある．そのように，因果はないが相関がある場合の例は，例えば時間とともに一様な傾向で変化する 2 つの現象を考えてみると容易に構成できる．例えば，私 (筆者) は加齢とともに体力が衰えている．一方で，おそらくスマートフォンの普及台数は時間とともに増加しているだろう．毎年の私の体力を x，毎年のスマートフォン普及台数を y というデータとすれば，おそらく x と y は強い負の相関を示すだろう．だからといって，スマートフォンが普及しないように邪魔をしたところで，私の体力が復活したり，逆に私が体力トレーニングをすることでスマートフォンが普及しなくなるわけではないことは明らかである．

　他にも，x と y に対して共通に影響を与える第三の要素 z が存在する場合にも，x と y の間に**因果なき相関**が生じうる．例えば，ある会社に 2 人の社員 X と Y がおり，彼らの仕事上の成績データをそれぞれ x, y とする．ここで x と y は負の強い相関を示したとすると，例えば X と Y は喧嘩をしていて仕事上でお互いに邪魔をしあっているのではないかと，そこに直接的な因果関係を勘繰ってしまいたくもなるがそれは早計である．真実は，この会社の社食の献立は定期的に変更され，その献立への好みが X と Y で真逆であるということにあるかもしれない．つまり，献立の種類 z は x に良い (悪い) 効果を及ぼすときには一方で y には悪い (良い) 効果を及ぼすという次第である．

　さまざまな仕組みで，因果なき相関が現れる可能性がある．読者は，他にも因果なき相関が生じそうな仮設例を考えてみるとよい訓練になるであろう．また，日常生活や種々メディアなどにでてくる情報に対しても，相関と因果の違いに関して批判的に見る目を養うことが肝要である．

　以上の注意は，もちろん，相関を議論することに意味がないということではない．相関があることがわかれば，はたしてそこに因果関係があるのかというさらなる科学的探究のきっかけとなる仮説を立てることが可能になる．因果関係の有無を判断することは一般に難しい問題であり，それぞれの科学技術・産業などの分野において適切な科学的検討を加えられなくてはならない．

2
データからの推測

2.1 データと誤差

　データサイエンスは，データの処理・分析をとおして，データから有益な情報を取り出す方法論とされている．では，その情報とは具体的に何を指すのであろうか．これは，手元にあるデータを生成するもととなっている外界の現象についての理解を与えるものといえる．第1章で学んだデータの記述と可視化は，この理解のための重要な第一歩である．ただし，データから外界を知るには，データの記述を超えて考慮しなければならないことがある．それはデータに含まれる"誤差"である．一つの外界の現象に基づいてデータが生成されるとしても，その過程で誤差が加われば，手元にあるデータにはさまざまなばらつきが生じる．これは，データの記述と外界の現象が1対1対応しないことを意味する．したがって，何らかの形でデータから外界の現象を推測することが必要となってくる．

　ここで例として学力テストを取り上げてみる．学力テストとはその名のとおり，テストの得点というデータをとおして，個人の学力という認知機能を測定するものである．このテストに関して誰もが経験のあることとして，同じテストを繰り返し受けたとしても同じ点数にならない場合がある．これにはさまざまな原因が考えられるが，代表的なものは，まったくわからない選択問題に対して適当に答えることで生じる得点のばらつきである．また，テストを受ける際の体調や環境によっては，通常正答できる設問も間違ってしまうこともあるだろう．さらに，そもそもテストの設問およびその配点が，学力を測定するのに適したものになっているのかという根本的な問題も考えなければならない．すなわち，個人の真の学力がテストの得点にありのまま反映されているとみな

すことはできない．このような問題に対して，心理学における**古典的テスト理論**では，テストの得点に関して以下のような関係を想定してテストの実施と分析を行う．

$$\text{テストの得点} = \text{真の得点} + \text{誤差}$$

ここで“真の得点”とは，真の学力を数値として表現したものである．このように，入手したデータを真の要因に誤差が重畳されたものとみなして解析を行うのはデータサイエンスにおいてきわめて一般的な方略であり，その際に誤差の確率的な性質が重要な役割を果たす．データ解析において確率の理解が必要となる一つの理由がここにある．

2.2 誤差の扱い

2.2.1 系統誤差と偶然誤差

誤差とは，ある対象の測定や観測において得られる値とその対象がもつ真の値とのずれを表す量である．測定誤差は誤差の出方によって以下の2つのタイプに分類される．

- **系統誤差**：測定の手法に起因し，測定の繰り返しによらず真の値から一定の傾向でずれた値が生じるような誤差．
- **偶然誤差** (ランダム誤差)：理想的な観測条件においても，測定の繰り返しごとに値がランダムにばらつく誤差．

系統誤差はその原因がわかっていれば容易に取り除くことができる．例えば，測定機器の較正はこの系統誤差を除く手続きである．ただ，真の値に一定の値の誤差が重畳されたデータのみから系統誤差の量を見積もることは一般に不可能である．したがって，データ解析では単に手元にあるデータにだけ注目するのではなく，データが測定される過程にまで遡って系統誤差が生じる要因を検討し，可能な限り除去することが重要となる．

一方，偶然誤差は測定ごとにランダムに異なる値が真の値に重畳されるため，真の値が未知である状況で偶然誤差の量を知ることはできず，測定データから取り除くこともできない．しかし，誤差のランダム性を利用することで，繰り返し測定されたデータを用いて偶然誤差の影響を限りなく抑えることは可能である．

ここで代表的な偶然誤差として“正規分布”という確率分布に従う誤差を考

える．これは一定の絶対量を正負で等確率でとる誤差要素が複数個集まった
ときの誤差量の総和の分布である．正規分布は平均 μ と分散 σ^2 の2つのパラ
メータをもつ確率分布で，誤差 e がこれらのパラメータの正規分布 $N(\mu, \sigma^2)$
に従うことを以下のように表記する．

$$e \sim N(\mu, \sigma^2)$$

　正規分布に従う誤差は理論的に正負すべての実数値をとるが，平均パラメー
タ μ に近い値ほど生起しやすく，μ から値がより大きく，あるいは小さくなる
ほど生起しにくい．また，分散パラメータ σ^2 が小さければ生起する誤差の値
は平均 μ の周りに集中し，大きければ μ を中心に広範囲の値が生起しやすくな
る．すなわち，分散 σ^2 は誤差のばらつきの度合いを表現している．

　この正規分布の重要な特性として，$N(\mu, \sigma^2)$ に従って生成された n 個の誤
差 $e_1, e_2, \ldots, e_n$ の平均値 $\bar{e} = (e_1 + e_2 + \cdots + e_n)/n$ が，再び以下の正規分
布に従うことがあげられる．

$$\bar{e} \sim N(\mu, \sigma^2/n)$$

したがって，ランダム誤差が平均0の正規分布に従って生成されていれば，複
数個のランダム誤差の実現値の平均値も0に近い値が高い確率でとられる．こ
れを上述した学力テストの得点の例にあてはめて考えると，真の得点に重畳さ
れているランダム誤差が平均0の正規分布であれば，テストを複数回繰り返し
てその平均点を計算すると，誤差の影響を限りなく抑えて (0 に近づけて) 真の
得点 (平均しても変わらない) の情報が得られることになる．粗くいえば，テス
トの繰り返しで点数が高くなったり低くなったりする場合の平均点からの増減
を足し合わせるとプラスマイナスゼロとなり誤差の影響が消えることになる．

2.2.2　フィッシャーの3原則

　一方，データ計測における誤差が平均0の正規分布であったとしても，何ら
かの系統誤差の混入があった場合には，計測データの平均によってもその影響
は取り除けない．このような場合，もしデータを計測する段階で介入すること
ができれば，以下のフィッシャーの3原則に従った実験計画により，偶然誤差
とともに系統誤差の影響を抑えたデータ解析が可能となる．

(1) 局所管理：系統誤差を引き起こす要因を細分化してブロックを構成し，各
　　ブロックにおいてその要因の影響をできるだけ均一化する．

(2) **無作為化** (ランダム化)：計測の順序など，特定の条件をすべての計測について適用することで生じる系統誤差の影響を除くために，計測条件をランダム化して割り当て，系統誤差を偶然誤差に転化する．

(3) **反　復**：複数回のデータの計測により偶然誤差を評価する．

　ここで再び学力テストを例にこの 3 原則をそれぞれ説明する．テストの得点に影響を与える要因として，上述したように体調や環境の問題が考えらえる．前日に遅くまで起きて勉強していたとすると，朝早くの時間にテストがあれば寝不足が影響するであろう．また，昼食後しばらくしてテストを受ければ満腹になったことで眠気が生じるかもしれない．一方，夜遅くにテストがあれば，1 日過ごした疲労とともに太陽光でない照明が何らかの影響を与えることも考えられる．このような時間帯による影響を除くために，テストを実施する時間帯を複数の**ブロック** (例えば，午前中，午後 1 時〜3 時，午後 6 時〜8 時) に分けて，各時間帯でテストを実施するのが「局所管理」である．それぞれの時間帯 (ブロック) における体調・環境の要因はほぼ均一に管理されることになる．

　また，テストの得点に影響を与える別の要因として，複数の設問にどのような順序で解答させるかというテストの作り方の問題がある．先に解いた問題が後に解く問題のヒントになって全体の点数を上げることは十分考えられる (もちろん，そのような意図でテスト問題が作られることもある)．一方，難易度が高い問題がテストの中盤にあったとすれば，その問題の解答に時間がかかるため，その後の設問に解答する時間が足りなくなって全体の点数を下げることもあるだろう．このような影響を除くためには，受講者ごとに設問の順序を「**無作為化** (ランダム化)」したテストを実施すればよい．ランダム化によって順序による系統誤差は偶然誤差に転化されることになる．そして，このように複数回実施されたテストの結果から偶然誤差の影響を除いた得点 (平均値) を得て，さらにその得点のばらつき (分散) から偶然誤差の大きさを評価するのが「反復」である．

　以上の実験計画の構成は，データを利用した問題解決の手法である **PPDAC サイクル** (図 2.1) における 2 番目の P (Plan: 計画) のフェーズに対応する．このフェーズが実際のデータ分析のフェーズ (A: Analysis) の前にあることが重要であり，適切な実験計画で計測されたデータは，その分析によって外界の現象についての適切な理解を促す．一方，より高い価値を生み出すと近年注目

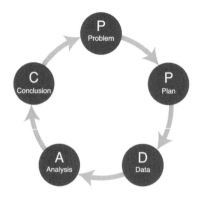

図 2.1 データサイエンスの PPDAC サイクル. P: Problem (問題設定),
P: Plan (計画), D: Data (データ収集), A: Analysis (データ分析), C:
Conclusion (結論) のサイクルを繰り返す問題解決の方策

されている「ビッグデータ」では, その計測における実験計画が自明でないば
かりか, フィッシャーの 3 原則をまったく踏襲しない方法で計測されているこ
とも多い. このような場合, 現実のデータのランダム誤差として平均 0 の正規
分布が常に想定できるわけではない. したがって, 計測データの平均から, 誤
差の影響が排除された真の値が常に得られるわけでもない. この場合, その誤
差の確率的な性質とそれにともなうデータの生成過程を適切にモデル化して,
興味ある外界の現象を推測する必要がある. 第 5 章で解説される**最尤推定**はこ
のための一つの方略である.

2.3 母集団と標本

2.3.1 決定論的データと確率論的データ

ランダム誤差の影響で観測ごとに異なる結果が得られるデータは, **確率論的
データ**とよばれる. 一方, そのような確率的な揺らぎがなく観測ごとに同じ結
果が得られるデータは, **決定論的データ**とよばれる. 再び学力テストを例にあ
げると, 受講者のテストの得点はこれまで述べてきたように確率論的データと
みなせる. したがって, その扱いには確率の理解が必要となる. 一方, 受講者
の性別や年齢といった個人情報は, 少なくともテストを受けた時点では確定し
たものである. したがって, テストを受けた各性別の人数や特定の年齢の受講
者の人数などの計数データは決定論的データとなる. このようなデータには第

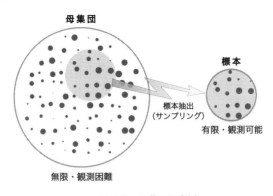

図 2.2 母集団と標本

1 章で学んだデータの記述と可視化の手法がうまく適用できる．ただし，決定論的データを入手したからといって，確率をまったく考える必要がないわけではなく，データ解析の目的によっては確率論的な扱いは必須である．

ここで，高校生を対象として学力テストを実施し，性別・学年ごとに学力を比較することを考える．通常，このような調査結果が公表される場合，調査を行った側も結果を受け取った側も高校生一般にあてはまるような結果を想定する．しかし，「高校生一般」にあてはまることを直接検証しようとすれば，日本全国の高校生全員に学力テストを行う必要がある．ちなみに文部科学省の発表による令和 3 年 5 月における高等学校の生徒数は 2,998,930 人である．このおよそ 3 百万人のデータを集めることは不可能ではないが，多大の労力と時間および費用を要することになる．したがって，通常は可能な範囲で多くの高等学校を無作為に選んで学力テストを実施し，その結果から高校生一般の特性について推測するという手続きがとられる．この場合の，高校生全員のような全体の観測が難しい大きい集団を**母集団**とよび，無作為に選ばれた高等学校の生徒のような母集団から抽出されたデータを**標本** (サンプル) とよぶ (図 2.2)．

このようにして選ばれた一つの高等学校の各学年ごとの男女の人数やその比率自体は明らかに決定論的データである．しかし，別の高等学校でまったく同じ男女比率が得られることは稀であるし，特定の高等学校での生徒の男女比が日本全国の高校生の男女比と正確に一致することもきわめて稀であろう．これは母集団から無作為に抽出されることで生じるデータの確率的な揺らぎであり，**標本誤差**とよばれる．すなわち，母集団から抽出された標本データは，それ自体決定論的に確定した値をとっているとしても，何らかの確率分布から生成さ

れた実現値と考える必要がある．この確率分布の具体的な形は母集団の構成と**標本抽出** (サンプリング) の方法によって決まるが，一般的には母集団が特定の確率分布に従うと考え，そこから独立にサンプリングされたデータを標本としてデータ解析を行うことになる．

2.3.2 記述統計と推測統計

　第1章で学んだような，手元にあるデータに着目してその特徴の分析や可視化を行うことを**記述統計**とよぶ．それに対して，手元にあるデータを標本とみなして，これを生成するもととなっている母集団の特徴を推測することを**推測統計**とよぶ．記述統計における代表的な統計量は**平均**と**分散**であり，n 個の観測データ $x_1, x_2, \ldots, x_n$ に対してそれぞれ次のように計算される．

$$\text{平　均}\quad \bar{x} = \frac{1}{n} \sum_{i=1}^{n} x_i,$$

$$\text{分　散}\quad s^2 = \frac{1}{n} \sum_{i=1}^{n} (x_i - \bar{x})^2.$$

これらを推測統計の立場で考えれば，それぞれ標本に対しての平均と分散であるので，以下では**標本平均**および**標本分散**とよぶ．

　この標本平均がデータの**代表値**とよばれることはすでに学んでいる．では，データを「代表する」というのは具体的にどういうことであろうか．手元に相異なる値をとる複数の観測値がデータとしてある場合，代表値というのはそれらを一つの代表的な値で示すものである．したがって，その代表値ともとのデータの値には誤差が生じる．そして，この誤差の大きさは代表値の選び方によって異なってくる．このような状況で，手元にあるデータ全体でこの誤差が小さくなるような値をもってデータを「代表する」とするのは自然であろう．実際，以下に示すように，任意の代表値を m とした場合，標本平均はデータの**平均二乗誤差** $E(m)$ を最小にするものとなっている (5.1 節参照)．

$$\begin{aligned}
E(m) &= \frac{1}{n} \sum_{i=1}^{n} (m - x_i)^2 \\
&= \frac{1}{n} \left(nm^2 - 2m \sum_{i=1}^{n} x_i + \sum_{i=1}^{n} x_i^2 \right) \\
&= \left(m - \frac{1}{n} \sum_{i=1}^{n} x_i \right)^2 - \left(\frac{1}{n} \sum_{i=1}^{n} x_i \right)^2 + \frac{1}{n} \sum_{i=1}^{n} x_i^2
\end{aligned}$$

$$= (m - \bar{x})^2 + \frac{1}{n} \sum_{i=1}^{n} (x_i - \bar{x})^2$$

$$= (m - \bar{x})^2 + s^2$$

これより標本平均を代表値としたとき $(m = \bar{x})$ の最小の誤差の大きさが，標本分散 s^2 の値となっていることがわかる．

以上の平均と分散は母集団に対しても考えることが可能であり，標本の場合と同様に平均二乗誤差の最小化の基準において母集団を代表する値となる．ここで平均 μ，分散 σ^2 の正規分布 $N(\mu, \sigma^2)$ に従う母集団 (正規母集団) を考える．これは母集団を代表する一つの特性が平均 μ の値であり，母集団に属するメンバーの特性を，μ にランダム誤差を加えたものとしたものである．この母集団から n 個の標本 $x_1, x_2, \ldots, x_n$ が得られたとすれば，偶然誤差の説明においてすでに述べたように，その標本平均 $\bar{x}$ は $N(\mu, \sigma^2/n)$ の正規分布に従う．これは n 個の標本を抽出し標本平均 $\bar{x}$ をとるという行為を繰り返し，得られたきわめて多くの標本平均のサンプルをさらに平均すると (これは第 4 章で解説される期待値をとる操作に相当する)，それが母集団の平均 (母平均) に一致することを意味している．そしてこの性質は，**標本平均が母平均の不偏推定量となっている**ことを示している．すなわち，標本平均は標本に対する記述統計量であるだけでなく，母平均に対する推測統計量にもなっている．

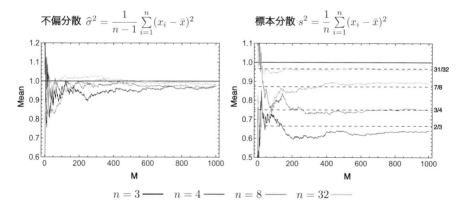

図 2.3 不偏分散と標本分散による母分散の推定．大きさ n のデータ $x_i \sim N(0,1)$ を M 回サンプリングし，それぞれから不偏分散と標本分散を計算したときの平均値 (Mean)

　一方，**標本分散**は正規母集団の分散 (母分散) の不偏推定量にはならない．第
5 章で示されるように，母分散の不偏推定量は以下の**不偏分散**で与えられる．

$$\text{不偏分散} \qquad \widehat{\sigma}^2 = \frac{1}{n-1} \sum_{i=1}^{n} (x_i - \bar{x})^2$$

　この式の具体的な導出は第 5 章に譲るとして，ここでは数値シミュレー
ションで不偏分散と標本分散の挙動の違いを確認してみる．平均 0，分散 1 の
正規分布 (これを**標準正規分布**とよぶ) $N(0,1)$ に従う正規母集団から大きさ
$n = 3, 4, 8, 32$ の標本を独立に M 回抽出して，各回で不偏分散と標本分散を計
算し，M 回分のサンプルついて平均値を求めたものが図 2.3 である．これより
不偏分散は，抽出回数 M を増やすと標本サイズによらず，サンプルの平均値
が母分散の値である 1 に近づいていくことがわかる．一方，標本分散では，抽
出回数 M を増やした場合のサンプルの平均値は母分散より小さい値に近づき，
その値は標本サイズに依存している．以上のシミュレーションは，母平均の推
定で説明した期待値操作を数値的に行ったものであり，**不偏分散の期待値が母
分散と一致する，すなわち不偏推定量**となることを示唆している．一方，大き
さ n の標本分散の期待値は母分散の $(n-1)/n$ 倍になることが理論的に示され
る (第 5 章参照)．実際この値は，シミュレーションにおいてそれぞれの標本サ
イズでのサンプルの平均値が漸近する値とほぼ一致している．

　以上に示したように，手元にあるデータの要約や特徴づけのための記述統計
とデータを標本とみなして母集団の特徴を検討する推測統計において，データ
の平均値は両者で共通に用いることができる統計量となっている．一方，デー
タのばらつきの指標である分散は標本分散と不偏分散を区別しなければならな
い．この区別は特に**統計的検定** (第 5 章参照) を考える際に重要になってくる．
統計的検定は，推測統計の立場で母集団に対する仮説を検証するものであり，
不偏分散の代わりに標本分散を使うと，本来想定していた効果がないものに対
して誤って効果があると判定するような "偽陽性" の確率を上げることになっ
てしまうのである．

3

確率と確率変数

　第1章では，実験や観測によって得られたデータそのものの特徴を表現・整理するための可視化の方法や基本的な記述統計量の定義について紹介した．これに対し，得られたデータはより大きな集団から一部を抽出したものであると想定し，その背後にある大きな集団の特性を推論しようとすることを統計的推測 (第5章) とよぶ．本章では，統計的推測を学ぶための準備として，確率の考え方や確率がともなう現象を扱うための基礎について学ぶ．

3.1　集合と事象

　コインやサイコロを振る，ルーレットを回すとき，起こりうる結果には偶然性がともなう．具体的には，サイコロを3回振って 1, 4, 5 という順番で目が出たとしても，再度3回振って同じ結果がでるとは限らない．また，とあるお店の来客数について，過去の来客数は記録できるが，将来 (例えば明日) どの程度の来客があるかはわからない．統計学や確率論では，このような偶然性をともなって起こる現象を**事象**とよび，これは集合を用いて整理することができる．まず，この事象に関して説明する．

　サイコロを振る，くじを引くといったデータをとるための実験や観測，調査のことを総称して**試行**とよぶ．このとき，起こりうる結果をすべて集めた集合を**全事象**または**標本空間**とよび，Ω で表す．起こりうる結果の一つひとつを**標本点**または**根元事象**とよび，$\omega_1, \omega_2, \ldots$ で表す，つまり，$\Omega = \{\omega_1, \omega_2, \ldots\}$ と表すことができる．事象とは，全事象 Ω の部分集合 (根元事象の集まり) のことをさす．事象が何も起こらないという事象を**空事象**とよび，記号 ϕ (o に $/$)で表す．

41

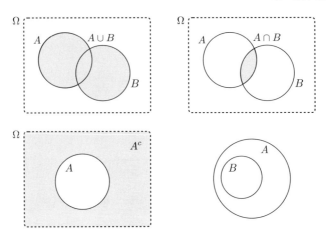

図 3.1 　和事象 (左上), 積事象 (右上), 余事象 (左下), $B \subset A$ (右下)

　事象 A, 事象 B, 事象 C が与えられたとする. 事象 B が事象 A に含まれ
ていることを, $B \subset A$ と書く. $A \cup B$ を和事象とよび, 事象 A と事象 B の
うち少なくとも 1 つが起こるという事象を表す. $A \cap B$ を積事象とよび, 事象
A と事象 B がどちらとも起こる事象を表す. 全事象のなかで事象 A に含ま
れていない根元事象からなる (A が起こらない) 事象を余事象とよび, A^c と表
す. 余事象に関して,

$$A \cup A^c = \Omega, \quad A \cap A^c = \phi$$

が成り立つ. 事象 A と事象 B の積事象が空事象となる ($A \cap B = \phi$) とき, 事
象 A と事象 B は互いに排反であるという.

　また, 事象の演算として, 以下の法則が成り立つ.

- 交換律: $A \cup B = B \cup A,$
  　　　　$A \cap B = B \cap A.$
- 結合律: $(A \cup B) \cup C = A \cup (B \cup C),$
  　　　　$(A \cap B) \cap C = A \cap (B \cap C).$
- 分配律: $A \cup (B \cap C) = (A \cup B) \cap (A \cup C),$
  　　　　$A \cap (B \cup C) = (A \cap B) \cup (A \cap C).$

例 3.1　2 日間の天気を記録することを考える．各日の天気の状態としては「晴」か「雨」の二通りしかないと仮定すれば，全事象は，(一日目の天気，二日目の天気) と書くと，

$$\Omega = \{(晴,晴),(晴,雨),(雨,晴),(雨,雨)\}$$

という 4 つの根元事象からなる．このとき，事象 A を「2 日間のうち少なくともどちらか一日は晴れる」，事象 B を「2 日間のうち少なくともどちらか一日は雨が降る」とすると，

$$A = \{(晴,晴),(晴,雨),(雨,晴)\},$$
$$B = \{(雨,雨),(雨,晴),(晴,雨)\}$$

である．このとき A と B は排反ではない．実際，

$$A \cap B = \{(晴,雨),(雨,晴)\} \neq \phi$$

となるからである．

例 3.2　サイコロを 1 回振り，出た目を観測するという試行を考える．起こりうる結果は，1 ～ 6 のいずれかの目が出るという 6 通りであり，全事象は $\Omega = \{1,2,3,4,5,6\}$ となる．サイコロの出た目が奇数であるという事象を A，出た目が偶数であるという事象を B，出た目が 5 か 6 であるという事象を C とすると，

$$A = \{1,3,5\}, \quad B = \{2,4,6\}, \quad C = \{5,6\}$$

と表される．このとき，事象 A, B, C に関する和事象，積事象，余事象は以下で与えられる．

- 和事象: $A \cup B = \{1,2,3,4,5,6\}$, $A \cup C = \{1,3,5,6\}$, $B \cup C = \{2,4,5,6\}$.
- 積事象: $A \cap B = \phi$, $A \cap C = \{5\}$, $B \cap C = \{6\}$.
- 余事象: $A^c = \{2,4,6\}$, $B^c = \{1,3,5\}$, $C^c = \{1,2,3,4\}$.

積事象をみると，$A \cap B = \phi$ となることより，事象 A と事象 B は互いに排反であるといえる．

問題 3.3　2 日間の天気を記録する．天気の状態は晴，雨，曇の 3 種類しかないと仮定する．また，事象 A を「2 日間のうち少なくともどちらか一日は晴れる」，事象 B を「2 日間のうち少なくともどちらか一日は雨が降る」，事象 C を「2 日間のうち少

なくともどちらか一日は曇る」とする．このとき以下の問いに答えよ．
(1) 全事象 Ω を 2 日間の天気の組合せとしてすべて書き出せ[1]．
(2) $A \cap B$, $A \cap C$, $B \cap C$ それぞれを構成する根元事象を書き出せ．
(3) $A \cup B$, $A \cup C$, $B \cup C$ それぞれを構成する根元事象を書き出せ．
(4) A^c, B^c, C^c それぞれを構成する根元事象をそれぞれ書き出せ．

3.2　確　　率

3.2.1　確　　率

　前節で説明した事象の偶発性を扱うために，事象の起こりやすさ，確からしさを意味する**確率**を定める．事象 A が起きる確率を $P(A)$ や $Pr(A)$ と表す．よく目にする「％」という記号を用いた確率は，この $P(\cdot)$ を 100 倍したものであるととらえることができる．例えば，事象 A の起こる確率が $P(A) = 0.5$ であれば，事象 A の起こる確率は $P(A) \times 100 = 50\%$ であるといい換えることができる．

　確率 $P(\cdot)$ は，**確率の公理**または**コルモゴロフの公理**とよばれる以下の 3 つの性質によって定義される．

---

(1) 任意の事象 A に対して，$0 \leq P(A) \leq 1$．

(2) $P(\Omega) = 1$．

(3) 事象 A と事象 B が互いに排反である $(A \cap B = \phi)$ ならば，
$$P(A \cup B) = P(A) + P(B).$$

---

　(1) は，事象の起こる確率が 0 から 1 まで（0％から 100％まで）の値をとることを示している．(2) は，起こりうる結果のなかから少なくとも 1 つの事象が起きる確率が 1 となることを表している．(3) は，$A \cap B = \phi$ であれば，事象 A と事象 B のうち少なくとも 1 つが起こる確率 $P(A \cup B)$ が，それぞれの事象が起こる確率 $P(A)$ と $P(B)$ の和となることを表している．

　確率の公理 (1)〜(3) より，確率に関する以下の基本的性質を導くことができる．

---

　1)　ヒント．2 日間の各日について 3 通りの可能性があるわけだから，$3 \times 3 = 9$ 個の根元事象が考えられるはずである．

> - 加法定理：$P(A \cup B) = P(A) + P(B) - P(A \cap B)$.
> - $P(\phi) = 0$.
> - 任意の事象 A に対して，$P(A^c) = 1 - P(A)$.
> - $B \subseteq A$ のとき[2]，$P(B) \leq P(A)$.

証明は省略するが，図 3.1 で描いている事象を表す円などの大きさと確率の大きさが対応するものであるとイメージすればよい．

具体的な確率の代表的な定義として，**古典的 (組合せ的) な定義，頻度的な定義，主観的な定義**の 3 種類があげられる．

古典的な定義では，すべての根元事象が起きる可能性は同等であると仮定し，任意の事象の確率をその事象に含まれる根元事象の数を計算することによって定める．古典的な定義によって事象 A が起きる確率を求めると，

$$P(A) = \frac{\text{事象 } A \text{ が含む根元事象の数}}{\text{全事象 } \Omega \text{ が含む根元事象の数}}$$

と表される．サイコロを 1 回振る試行の場合，

$$P(\{1\}) = P(\{2\}) = \cdots = P(\{6\}) = \frac{1}{6}$$

であり，事象 $A = \{1, 2, 3\}$ とすると，A の起きる確率は $P(A) = \frac{3}{6} = \frac{1}{2}$ となる．

頻度的な定義では，同じ試行を何度も繰り返し，そのうち事象 A が起きた回数の相対度数

$$\frac{\text{事象 } A \text{ が起きた回数}}{\text{試行回数}}$$

に基づき，事象 A が起きる確率を定める．例えば，サイコロを 50 回振って，1 の目が出た回数が 10 回であれば，1 の目が出るという事象の相対度数は $\frac{10}{50} = \frac{1}{5}$ である．相対度数の試行の回数を十分に大きくするとある値（p とおく）に近づくという性質[3]より，事象 A が起きる確率は，

$$P(A) = p$$

---

2) 2 つの集合 A と B に対して，$A \subset B$ と $A \subseteq B$ はどちらも A が B に含まれることを表す．2 つの記号の違いは，$\subset$ は「$A \neq B$」であることを表し，$\subseteq$ は「$A = B$ の場合も含まれる」ことを表す．

3) 「大数の法則」とよばれる．3.4.2 項参照．

(もしくは，$P(A) \approx$ (事象 A が起きた回数)/(試行回数)) と定義される.

　主観的な確率は，事象に対する確信の度合いを表したものであり，事象が起きる確率を，それを考える個人の信念や感覚に委ねることにより定義される．確率を各人の主観から定めることになるため，人によりその確率が変わりうる．

3.2.2　条件付き確率

　2つの事象 A と B において，$P(B) > 0$ であるとする．このとき，B が起きるという条件の下で A が起きる確率を $P(A|B)$ と表し，

$$P(A|B) = \frac{P(A \cap B)}{P(B)}$$

と定義する．$P(A|B)$ を**条件付き確率**とよぶ．この条件付き確率も 3.2.1 項の確率の公理 (1)–(3) を満たす．また，条件付き確率の定義の両辺に $P(B)$ をかけることにより

$$P(A \cap B) = P(A|B)P(B) \tag{3.1}$$

が成り立つ．これを確率の**乗法定理**とよぶ．

> **例 3.4**　各目の出る確率が $\frac{1}{6}$ のサイコロを 1 回振る試行を考える．出た目が 4 以上であるという事象を A ($= \{4,5,6\}$)，出た目が偶数であるという事象を B ($= \{2,4,6\}$) とすると，$A \cap B = \{4,6\}$ である．$P(B) = \frac{1}{2}$，$P(A \cap B) = \frac{1}{3}$ となるので，B が起きるという条件の下で A が起きる条件付き確率は
>
>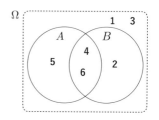
>
> 図 3.2　条件付き確率 (イメージ)
>
> $$P(A|B) = \frac{1/3}{1/2} = \frac{2}{3}$$
>
> となる (図 3.2 参照).

> **問題 3.5**　上記のサイコロの例において，出た目が 3 以下であるという事象を C，出た目が 5 以下であるという事象を D とする．このとき，条件付き確率 $P(C|D)$ お

よび $P(D|C)$ を求めよ．また，事象 C, D に対応する集合の図を図 3.2 にならって描き，ここで求めた条件付き確率の意味を把握せよ．

3.2.3　独　立　性

2 つの事象 A と B に対し，

$$P(A \cap B) = P(A)P(B)$$

が成り立つとき，A と B は**独立**であるという．A と B が独立でないとき，A と B は**従属**であるという．事象 A と B が独立であるとき，条件付き確率の定義より

$$P(A|B) = P(A), \quad P(B|A) = P(B)$$

となることがわかる．これは，「事象 B が起きるか否かが事象 A の生起に影響を与えない」ことを意味している．また，事象 A と B において，$A \cap B$ と $A \cap B^c$ が互いに排反であることから，A と B が独立であるとき，

$$
\begin{aligned}
P(A)P(B^c) = P(A)\{1 - P(B)\} &= P(A) - P(A)P(B) \\
&= P\big(A \cap (B \cup B^c)\big) - P(A \cap B) \\
&= P(A \cap B) + P(A \cap B^c) - P(A \cap B) \\
&= P(A \cap B^c)
\end{aligned}
$$

となる．つまり，事象 A と B が独立であるとき，A と B^c も独立である．同様にして，A^c と B，A^c と B^c も独立となることが示される．

> **例 3.6**　各目の出る確率が $\frac{1}{6}$ の大きいサイコロと小さいサイコロがあり，それぞれを 1 回ずつ振る．事象 A を大きいサイコロの出た目が偶数，事象 B を小さいサイコロの出た目が偶数，事象 C を小さいサイコロの出た目が 4 以上とすると，
>
> $$P(A) = P(B) = P(C) = \frac{1}{2}$$
>
> となる．また，大きいサイコロと小さいサイコロの出る目の組合せは 36 通りであり，$A \cap B$ が起きる組合せは 9 通り，$B \cap C$ が起きる組合せは 12 通りである．このとき

$$P(A \cap B) = \frac{9}{36} = \frac{1}{4} = P(A)P(B),$$

$$P(B \cap C) = \frac{12}{36} = \frac{1}{3} \neq P(B)P(C)$$

が成り立つので，事象 A と B は独立，事象 B と C は従属であるといえる．

注意 3.7 事象 A と B が「排反である」ということと「独立である」ということの意味を混同しないように注意が必要である．排反であるとき $P(A \cap B) = 0$ であるので，$P(A|B) = 0$, $P(B|A) = 0$ となる．ゆえに，排反であるとは，事象 B が起こると事象 A は起きないということを意味している．

問題 3.8 小学生の甲君が，両親に学力テストの結果を見せるとする．全事象を
$$\Omega = \{(\text{お父さんに叱られる}, \text{お母さんに叱られる}),$$
$$(\text{お父さんに叱られる}, \text{お母さんに褒められる}),$$
$$(\text{お父さんに褒められる}, \text{お母さんに叱られる}),$$
$$(\text{お父さんに褒められる}, \text{お母さんに褒められる})\}$$
とする．

(1) 事象 A「お父さんからもお母さんからも叱られる」と事象 B「お父さんからもお母さんからも褒められる」は独立か，排反か，そのどちらでもないか述べよ．

(2) 事象 C「お父さんに叱られる」と事象 D「お母さんに叱られる」は独立か，排反か，そのどちらでもないか述べよ．

(3) 事象 E「お父さんかお母さんの少なくとも一方には叱られる」と事象 F「お父さんかお母さんの少なくとも一方には褒められる」は独立か，排反か，そのどちらでもないか述べよ．

3.2.4 ベイズの定理

全事象 Ω が互いに排反な n 個の事象 $A_1, A_2, \ldots, A_n$ に分解できるとする．つまり
$$\Omega = A_1 \cup A_2 \cup \cdots \cup A_n, \quad A_i \cap A_j = \phi \ (i \neq j)$$
を満たすとする (図 3.3 参照)．また，ある事象 B に対して $P(B) > 0$ とする．このとき，B が起きるという条件の下で $A_i \ (i = 1, 2, \ldots, n)$ が起きる確率は
$$P(A_i|B) = \frac{P(A_i \cap B)}{P(B)} = \frac{P(A_i \cap B)}{P(B \cap \Omega)}$$

$$= \frac{P(A_i \cap B)}{P\big(B \cap (A_1 \cup A_2 \cup \cdots \cup A_n)\big)}$$

$$= \frac{P(A_i \cap B)}{\sum\limits_{j=1}^{n} P(A_j \cap B)} \qquad (3.2)$$

となる．

ベイズの定理： (3.1) と (3.2) より，$i = 1, 2, \ldots, n$ に対して，

$$P(A_i|B) = \frac{P(A_i)P(B|A_i)}{\sum\limits_{j=1}^{n} P(A_j)P(B|A_j)}$$

と表すことができ，これを**ベイズの定理**という．$P(A_i)$ は**事前確率**，$P(A_i|B)$ は**事後確率**とよばれる．さらに，(3.2) の分母に着目すると

$$P(B) = \sum\limits_{j=1}^{n} P(A_j)P(B|A_j)$$

となることがわかる．これを**全確率の定理**とよぶ．

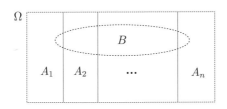

図 3.3　ベイズの定理 (イメージ)

　ある事象 B に対して，B が引き起こされる原因となる事象が全部で n 個存在し，$A_1, A_2, \ldots, A_n$ で表されているとする．また，$A_1, A_2, \ldots, A_n$ は同時に起こることはないものとする．事象 B が起きたときにその原因 A_i が起きる確率は，条件付き確率 $P(A_i|B)$ で与えられる．このとき，各原因が起こる確率 $P(A_i)$ や原因 A_i が起きたときに B が起きる確率 $P(B|A_i)$ が過去のデータなどから判明しているとき，ベイズの定理より $P(A_i|B)$ を計算することができる．これにより，事象 B が起きたときにその原因が何かを推測することが可能となる．

例 **3.9**　ある地域では全体の 0.1% の住人が病気 C に感染している．ある診断法を用いると，病気 C に感染している人の 99% が陽性となり，感染していない人の 99.9% が陰性となる．住人の中から一人をランダムに選び出してこの診断法で検査したところ，陽性という結果がでた．このとき，この人が実際に病気 C に感染しているか否かを考える．

　事象 A_1 を病気に感染，事象 A_2 を病気に非感染，事象 B を診断結果が陽性とすると

$$P(A_1) = 0.001, \quad P(A_2) = 0.999,$$
$$P(B|A_1) = 0.99, \quad P(B|A_2) = 0.001$$

となる．診断結果が陽性のとき病気 C に感染している確率 $P(A_1|B)$ は，ベイズの定理より

$$P(A_1|B) = \frac{P(A_1)P(B|A_1)}{P(A_1)P(B|A_1) + P(A_2)P(B|A_2)} \approx 0.498$$

で与えられる．逆に，診断結果が陽性のとき病気 C に感染していない確率 $P(A_2|B)$ は

$$P(A_2|B) = \frac{P(A_2)P(B|A_2)}{P(A_1)P(B|A_1) + P(A_2)P(B|A_2)} \approx 0.502$$

である．これより，感染している確率も非感染である確率も同程度であることがわかる．

例 **3.10**　ある製品を工場 A, B, C で製造しており，全製品の 6 割を工場 A，3 割を工場 B，1 割を工場 C で製造している．また，工場 A, B, C はそれぞれ 1%，3%，5% の割合で不良品を出すことがわかっている．全製品から 1 個取り出してそれが不良品であったとき，それがどの工場で製造されたものであるかを考える．

　A_1, A_2, A_3 を，製品をそれぞれ工場 A, B, C で製造したという事象，B を製品が不良品であるという事象とすると

$$P(A_1) = 0.6, \quad P(A_2) = 0.3, \quad P(A_3) = 0.1,$$
$$P(B|A_1) = 0.01, \quad P(B|A_2) = 0.03, \quad P(B|A_3) = 0.05$$

となる．全製品から 1 個取り出してそれが不良品であったとき，それが工場 A, B, C で製造されたものである確率は，それぞれ $P(A_1|B)$, $P(A_2|B)$, $P(A_3|B)$ で表される．よって，ベイズの定理より

$$P(A_1|B) = \frac{P(A_1)P(B|A_1)}{P(A_1)P(B|A_1) + P(A_2)P(B|A_2) + P(A_3)P(B|A_3)}$$
$$= 0.30,$$

$$P(A_2|B) = \frac{P(A_2)P(B|A_2)}{P(A_1)P(B|A_1) + P(A_2)P(B|A_2) + P(A_3)P(B|A_3)}$$
$$= 0.45,$$

$$P(A_3|B) = \frac{P(A_3)P(B|A_3)}{P(A_1)P(B|A_1) + P(A_2)P(B|A_2) + P(A_3)P(B|A_3)}$$
$$= 0.25$$

であり，工場 B で製造された可能性が最も高いことがわかる．

問題 **3.11** 関西人と関東人の二種類の人間だけからなる架空の世界を考え，関西人も関東人もちょうど人口の半分ずつを占めるものとする．関西人のうち 80% は関西弁を喋り，残りの 20% は関東弁を喋る．関東人のうち 99.9% は関東弁を喋り，残りの 0.1% は関西弁を喋る[4]．このとき，以下の確率をベイズの定理に基づいて計算せよ[5]．
(1) 街で偶然出会った人が関西弁を喋った場合，その人が関西人である確率．
(2) 街で偶然出会った人が関東弁を喋った場合，その人が関東人である確率．

3.3 確率変数

サイコロを 1 回振り，その出た目を観測する試行を考える．出た目は偶然性をともなって観測されるが，ここでは各目の出る確率は等しいものとする．サイコロの出た目を X とすると，X は 1 から 6 までのいずれかの値をとる変数である．X のとりうる値に対する確率は，

$$P(X = 1) = P(X = 2) = \cdots = P(X = 6) = \frac{1}{6}$$

となる．この X のように，変数において，そのとりうる値に確率がともなっているものを**確率変数**という．確率変数のとりうる値すべての集まりが全事象

---

4) ここでは，街中で出会う人はまったく偶然に作為性なく選ばれると仮定し，人口に占める割合と出会う確率を同一視している．

5) ヒント．例えば (1) について，A_1 を関西人であるという事象，A_2 を関東人であるという事象，B を出会った人が関西弁を喋ったという事象とすれば，ベイズの定理から所望の確率を計算できる．(2) も同様に，事象を表す記号を適切に定めれば，あとは簡単な計算だけである．

Ω である. 変数が離散的な値をとるような確率変数を**離散確率変数**とよび, 連続的な値をとるような確率変数を**連続確率変数**とよぶ. 例えば, 離散確率変数は回数や人数を数えたデータを表し, 連続確率変数は身長や体重などのデータを表す. また, 確率変数 X のとりうる値とその確率 $P(X)$ との対応関係を**確率分布**という. 確率変数 X とある確率分布 D に対応関係があるとき, **確率変数 X は確率分布 D に従う**といい, $X \sim D$ と表す. 代表的な確率分布については, 第 4 章で紹介する.

3.3.1 離散確率変数

X を離散確率変数とし, そのとりうる値を $\Omega = \{x_1, x_2, \ldots\}$ とする. ここで,

$$f(x_i) \geq 0 \quad (i = 1, 2, \ldots), \qquad \sum_{i=1}^{\infty} f(x_i) = 1$$

を満たす関数 $f(x_i)$ $(i = 1, 2, \ldots)$ が存在し, X のとりうる値に対する確率が

$$P(X = x_i) = f(x_i) \quad (i = 1, 2, \ldots)$$

で与えられるとき, $f(x_i)$ $(i = 1, 2, \ldots)$ を**確率関数**とよぶ (図 3.4). X のとりうる値が有限個の場合も同様に考えることができる. 例えば, $\Omega = \{x_1, x_2, \ldots, x_n\}$ の場合,

$$f(x_i) \geq 0 \quad (i = 1, 2, \ldots, n), \qquad \sum_{i=1}^{n} f(x_i) = 1$$

が満たされればよい.

X が離散確率変数のとき, 事象 $A = \{a_1, a_2, \ldots\}$ $(\subseteq \Omega)$ が起きる確率 $P(A)$ は

$$P(A) = P(X \in A) = P(X = a_1) + P(X = a_2) + \cdots$$

で計算される.

> **例 3.12** 各目の出る確率が等しいサイコロを 1 回振り, その出た目を X とする. X は離散確率変数であり, とりうる値は $\Omega = \{1, 2, 3, 4, 5, 6\}$, 確率関数は $P(X = i) = f(i) = \frac{1}{6}$ $(i = 1, 2, 3, 4, 5, 6)$ となる. 偶数の目が出るという事象を A とすると, $A = \{2, 4, 6\}$ であり, A が起きる確率は
>
> $$P(A) = P(X = 2) + P(X = 4) + P(X = 6) = \frac{1}{2}$$
>
> と計算できる.

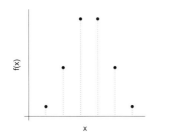
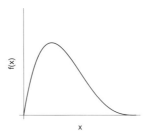

図 3.4 確率関数 (左) と密度関数 (右) の例

問題 3.13 上の例で，2 以上の目が出るという事象を B とする．このとき，確率 $P(B)$ を上記にならって，確率変数の記法で計算せよ．

3.3.2 連続確率変数

X を連続確率変数とし，そのとりうる値の範囲を $\Omega = (-\infty, \infty)$ とする．このとき，

$$f(x) \geq 0 \ (-\infty < x < \infty), \qquad \int_{-\infty}^{\infty} f(x)\,dx = 1 \tag{3.3}$$

を満たす関数 $f(x)$ が存在し，X が区間 (a, b) の値をとる確率が

$$P(a < X < b) = \int_{a}^{b} f(x)\,dx$$

で与えられるとき，$f(x)$ を密度関数とよぶ[6] (図 3.4)．X のとりうる値の範囲が有限区間 ($\Omega = [s, t)$[7]) で与えられる場合，(3.3) は

$$f(x) \geq 0 \ (s \leq x < t), \qquad \int_{s}^{t} f(x)\,dx = 1$$

と書き直される．なお，連続確率変数が 1 点だけをとる確率は 0 となる．つまり，X を連続確率変数とすると，$a \in \Omega$ に対して $P(X = a) = 0$ であり，

$$P(a \leq X \leq b) = P(a < X \leq b) = P(a \leq X < b) = P(a < X < b)$$

---

6) 積分区間に無限大を含む積分 $\displaystyle\int_{-\infty}^{\infty} f(x)\,dx$ は，$\displaystyle\int_{-\infty}^{\infty} f(x)\,dx = \lim_{\substack{a \to -\infty \\ b \to \infty}} \int_{a}^{b} f(x)\,dx$ として計算することができる．

7) $[s, t)$ は半開区間とよばれ，s 以上 t 未満の範囲を表す．

が成り立つ.

> **例 3.14** X を連続確率変数とし, そのとりうる値の範囲を $\Omega = (0, \infty)$ とする. また, 密度関数が
>
> $$f(x) = e^{-x}$$
>
> で与えられるとする. このとき, X が区間 $(0, 1)$ の値をとる確率は
>
> $$P(0 < X < 1) = \int_0^1 e^{-x}\, dx$$
> $$= \left[-e^{-x}\right]_0^1 = -e^{-1} + 1 \approx 0.632$$
>
> と計算できる[8].

問題 3.15 上記の例で, 確率 $P(3 < X < 10)$ を計算せよ.

3.3.3 累積分布関数

確率変数 X に対して

$$F(x) = P(X \le x)$$

で定義される関数を**累積分布関数**とよぶ. ここで, ある $a, b\ (a < b)$ に対して

$$P(a < X \le b) = P(X \le b) - P(X \le a) = F(b) - F(a)$$

が成り立つ. さらに, 累積分布関数は次の 4 つの性質をもつ. (2) の性質を **単調非減少**, (4) の性質を**右連続**という.

---

(1) $0 \le F(x) \le 1$.

(2) $x \le y$ のとき, $F(x) \le F(y)$.

(3) $\displaystyle \lim_{x \to \infty} F(x) = 1$, $\displaystyle \lim_{x \to -\infty} F(x) = 0$.

(4) $\displaystyle \lim_{y \downarrow x} F(y) = F(x)$ [9].

　X を離散確率変数, 全事象を $\Omega = \{x_1, x_2, \ldots\}\ (x_1 < x_2 < \cdots)$ とする. このとき, $x_k \le x < x_{k+1}$ に対して, 累積分布関数は

---

8) ここで e^{-x} の原始関数 (微分すると f になる関数を f の原始関数とよぶのであった) が $-e^{-x}$ であることを用いた.

9) $\displaystyle \lim_{y \downarrow x}$ とは, y が点 x に右側から近づくことを意味する.

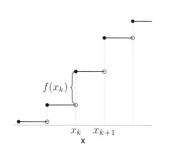 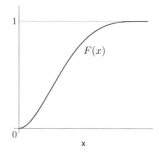

図 3.5 離散確率変数 (左) と連続確率変数 (右) の累積分布関数の例

$$F(x) = \sum_{i=1}^{k} P(X = x_i) = \sum_{i=1}^{k} f(x_i)$$

となる．ここで f は確率関数である．また，X が連続確率変数，そのとりうる値の範囲が $\Omega = (-\infty, \infty)$ の場合，密度関数 f を用いて累積分布関数は

$$F(x) = \int_{-\infty}^{x} f(x)\,dx$$

で与えられる．累積分布関数 $F(x)$ が連続で微分可能なとき，その導関数 $F'(x)$ は密度関数 $f(x)$ となる．

3.3.4 多変量確率変数 *

ここまでは1つの確率変数について扱ってきたが，次に，同時に扱う確率変数の数が複数ある場合に焦点をあてる．つまり，扱うデータの数や種類が複数ある場合を考える．n 個の確率変数 $X_1, \dots, X_n$ を組にして考えた $(X_1, \dots, X_n)$ を **n 次元確率変数**とよぶ．以下では，簡単のため確率変数が2つの場合で説明するが，3つ以上の場合でも同様に議論できる．

2つの確率変数のとりうる値とその確率との対応関係を**同時確率分布**とよぶ．確率変数 X, Y を離散確率変数とし，X のとりうる値を $\Omega_X = \{x_1, x_2, \dots\}$，$Y$ のとりうる値を $\Omega_Y = \{y_1, y_2, \dots\}$ とする．ここで，

$$f(x_i, y_j) \geq 0 \ \ (i, j = 1, 2, \dots), \qquad \sum_{i=1}^{\infty} \sum_{j=1}^{\infty} f(x_i, y_j) = 1$$

を満たす関数 $f(x_i, y_j) \ (i, j = 1, 2, \dots)$ が存在し，X と Y のとりうる値に対する確率が

$$P(X = x_i, Y = y_j) = f(x_i, y_j) \quad (i, j = 1, 2, \ldots) \tag{3.4}$$

で与えられるとき，$f(x_i, y_j)$ $(i, j = 1, 2, \ldots)$ を (X, Y) の同時確率関数とよぶ．(3.4) は，$X = x_i$ かつ $Y = y_j$ となる確率を意味する．

同時確率関数は X と Y を同時に扱うためのものであるが，X のみの確率および Y のみの確率はそれぞれ

$$f_X(x_i) = P(X = x_i) = \sum_{j=1}^{\infty} f(x_i, y_j) \quad (i = 1, 2, \ldots),$$

$$f_Y(y_j) = P(Y = y_j) = \sum_{i=1}^{\infty} f(x_i, y_j) \quad (j = 1, 2, \ldots)$$

で求めることができる．この関数 f_X と f_Y を周辺確率関数という．

例 3.16 各目の出る確率が等しい 2 つのサイコロを 1 回ずつ振り，その出た目を観測する．

(1) 2 つのサイコロの出た目を X, Y とする．このとき，X, Y のとりうる値は $\Omega_X = \Omega_Y = \{1, 2, 3, 4, 5, 6\}$ であり，その同時確率関数は

$$P(X = i, Y = j) = f(i, j) = \frac{1}{36} \quad (i, j = 1, 2, \ldots, 6)$$

となる．また，X の周辺確率関数は

$$f_X(i) = \sum_{j=1}^{6} f(i, j) = \frac{1}{6} \quad (i = 1, 2, \ldots, 6)$$

で与えられる．Y の周辺確率関数についても同様である．

(2) 2 つのサイコロの出た目のうちの大きい目を X，小さい目を Y とする．X, Y のとりうる値は (1) と同じく $\Omega_X = \Omega_Y = \{1, 2, 3, 4, 5, 6\}$ である．ここで，$i, j = 1, 2, \ldots, 6$ に対して，その同時確率関数は

$$P(X = i, Y = j) = f(i, j) = \begin{cases} 0 & (i < j), \\ \dfrac{1}{36} & (i = j), \\ \dfrac{2}{36} & (i > j) \end{cases}$$

である．X と Y の周辺確率関数はそれぞれ

$$f_X(i) = \sum_{j=1}^{6} f(i, j) = \frac{1}{36} + \frac{i-1}{18} \quad (i = 1, 2, \ldots, 6),$$

$$f_Y(j) = \sum_{i=1}^{6} f(i, j) = \frac{1}{36} + \frac{6-j}{18} \quad (j = 1, 2, \ldots, 6)$$

▍ で与えられる.

問題 3.17 上の例において，すべての i, j について $f(i, j)$ の和をとれば 1 になること，つまり $\sum_{i=1}^{6} \sum_{j=1}^{6} f(i, j) = 1$ を確認せよ.

問題 3.18 確率変数 X を，あるプロ野球チームの試合での勝ち負け (引き分け含む) とする. 同様に，確率変数 Y を，このチームの四番打者がその試合で本塁打を打つか打たないかを表す確率変数とする. いま，X と Y の同時確率分布を表に表すと以下のようであったとする.

Y ＼ X	勝つ	引き分け	負け
本塁打を打つ	0.3	0.3	0.2
本塁打を打たない	0.05	0.05	0.1

このとき，周辺確率関数 f_X, f_Y をそれぞれ求めよ[10].

次に，確率変数 X, Y を連続確率変数とし，X と Y のとりうる値の範囲を $\Omega_X = \Omega_Y = (-\infty, \infty)$ とする.

$$f(x, y) \geq 0 \ \ (-\infty < x, y < \infty), \qquad \int_{-\infty}^{\infty} \int_{-\infty}^{\infty} f(x, y) \, dx dy = 1$$

を満たす関数 $f(x, y)$ が存在し，X が区間 (a, b) をとり，Y が区間 (c, d) をとる確率が

$$P(a < X < b, c < Y < d) = \int_a^b \left(\int_c^d f(x, y) \, dy \right) dx$$

となるとき，$f(x, y)$ を (X, Y) の**同時密度関数**という[11].

離散確率変数の場合と同様に，X のみに関する確率と Y のみに関する確率はそれぞれ

$$P(a < X < b) = \int_a^b f_X(x) \, dx = \int_a^b \left(\int_{-\infty}^{\infty} f(x, y) \, dy \right) dx,$$

---

10) つまり，f_X については f_X(勝ち), f_X(引き分け), f_X(負け) はそれぞれどのような値になるか答えるということ. f_Y についても同様.

11) $\int_{-\infty}^{\infty} \int_{-\infty}^{\infty} f(x, y) \, dx dy$ や $\int_a^b \left(\int_c^d f(x, y) \, dy \right) dx$ は**重積分**とよばれ，x についての積分と y についての積分を順番に行うことで計算できる.

$$P(c < Y < d) = \int_c^d f_Y(y)\, dy = \int_c^d \left(\int_{-\infty}^\infty f(x,y)\, dx \right) dy$$

で与えられる. このとき, 関数 f_X と f_Y を周辺密度関数とよぶ.

例 3.19 確率変数 X, Y を連続確率変数とし, そのとりうる値の範囲を $\Omega_X = \Omega_Y = (0, \infty)$ とする. また, X と Y の同時密度関数が

$$f(x,y) = \frac{2}{(1+x+y)^3}$$

で与えられるものとする. このとき, 周辺密度関数は

$$f_X(x) = \int_0^\infty f(x,y)\, dy = \lim_{a \to \infty} \left[-\frac{1}{(1+x+y)^2} \right]_{y=0}^{y=a} = \frac{1}{(1+x)^2},$$

$$f_Y(y) = \int_0^\infty f(x,y)\, dx = \lim_{a \to \infty} \left[-\frac{1}{(1+x+y)^2} \right]_{x=0}^{x=a} = \frac{1}{(1+y)^2}$$

となる.

問題 3.20 上の例において, $\int_0^\infty \int_0^\infty f(x,y)\, dxdy = 1$ を確認せよ.

問題 3.21 連続確率変数 X と Y の同時密度関数を, c をある定数として

$$f(x,y) = cxy \quad (0 \leq x, y \leq 1)$$

とする. このとき $f(x,y)$ が同時密度関数であるためには定数 c はいくつでなければならないか[12].

ここで, 確率変数 X, Y の同時確率 (密度) 関数 $f(x,y)$ と周辺確率 (密度) 関数 $f_X(x), f_Y(y)$ がすべての x, y で

$$f(x,y) = f_X(x) f_Y(y) \tag{3.5}$$

となるとき, X と Y は独立であるという. また, (3.5) が成り立たないとき, X と Y は従属であるという. X と Y の関係を表すための関数を

$$f_X(x|y) = \frac{f(x,y)}{f_Y(y)}$$

と定義すると, $f_X(x|y)$ は確率 (密度) 関数であり, $Y = y$ という条件の下で

---

12) ヒント. $\int_0^1 \int_0^1 f(x,y)\, dxdy = 1$ を使う.

の X の条件付き確率 (密度) 関数とよぶ. 同様に, $X = x$ という条件の下での Y の条件付き確率 (密度) 関数は

$$f_Y(y|x) = \frac{f(x,y)}{f_X(x)}$$

で与えられる. 条件付き確率 (密度) 関数の定義より, X と Y の同時確率 (密度) 関数は

$$f(x,y) = f_X(x|y)f_Y(y) = f_Y(y|x)f_X(x)$$

と書くことができ, X と Y が独立であるとき

$$f_X(x|y) = f_X(x), \quad f_Y(y|x) = f_Y(y)$$

が成り立つ.

例 3.22 連続確率変数 X と Y の同時密度関数 $f(x,y)$ を

$$f(x,y) = x + y \quad (0 \le x, y \le 1)$$

で与える. 実際, これは定義域上 $f(x,y) \ge 0$ であり, かつ

$$\int_0^1 \int_0^1 f(x,y)\,dxdy = \int_0^1 \int_0^1 (x+y)\,dxdy$$
$$= \int_0^1 \int_0^1 x\,dxdy + \int_0^1 \int_0^1 y\,dxdy$$
$$= \frac{1}{2} + \frac{1}{2} = 1.$$

一方, 周辺密度関数は

$$f_X(x) = \int_0^1 f(x,y)\,dy = \int_0^1 (x+y)\,dy = x + \frac{1}{2},$$
$$f_Y(y) = \int_0^1 f(x,y)\,dx = \int_0^1 (x+y)\,dx = y + \frac{1}{2}$$

となり, したがって $f(x,y) \neq f_X(x)f_Y(y)$ であるから, X と Y は独立ではない.

問題 3.23 連続確率変数 X と Y の同時密度関数 $f(x,y)$ を

$$f(x,y) = 4xy \quad (0 \le x, y \le 1)$$

で与える. このとき周辺密度関数 f_X, f_Y を求めて, X と Y が独立か否か答えよ.

3.4 期待値と分散

3.4.1 1変量確率変数の場合

確率変数がどのような値をとることが期待されるかを表す値を**期待値** (または平均) という. 確率変数 X の期待値は $E(X)$ と表され

$$
E(X) = \begin{cases} \displaystyle\sum_{i=1}^{\infty} x_i f(x_i) & (X: \text{離散確率変数}), \\[2mm] \displaystyle\int_{-\infty}^{\infty} x f(x)\, dx & (X: \text{連続確率変数}) \end{cases}
$$

で定義される. この定義より, 期待値は "確率 (密度) 関数を重みとする加重平均" を表していると考えられる. また, 確率変数 X の関数 $\varphi(X)$ も確率変数であり, その期待値 $E\{\varphi(X)\}$ は

$$
E\{\varphi(X)\} = \begin{cases} \displaystyle\sum_{i=1}^{\infty} \varphi(x_i) f(x_i) & (X: \text{離散確率変数}), \\[2mm] \displaystyle\int_{-\infty}^{\infty} \varphi(x) f(x)\, dx & (X: \text{連続確率変数}) \end{cases}
$$

で定義される.

上記の期待値の定義より, 期待値が以下の性質をもつことが容易に示される.

任意の関数 $\varphi(x)$, $\psi(x)$ と定数 a, b に対して

- $E(a) = a$,
- $E\{a\varphi(X) + b\psi(X)\} = aE\{\varphi(X)\} + bE\{\psi(X)\}$,
- $\varphi(x) \geq 0$ のとき, $E\{\varphi(X)\} \geq 0$,

が成り立つ. 特に, $\varphi(x) = x$, $\psi(x) = 1$ のとき,

$$
E(aX + b) = aE(X) + b
$$

となる.

確率変数 X とその期待値 $E(X)$ との差の 2 乗の期待値

$$
\mathrm{Var}(X) = E\left\{\left(X - E(X)\right)^2\right\}
$$

を X の**分散**とよぶ. 分散とは, 確率変数の散らばりの指標となる値である. 分散の平方根 $\sqrt{\mathrm{Var}(X)}$ は**標準偏差**とよばれる. 期待値の性質より, X の分

散は

$$\mathrm{Var}(X) = E\left[X^2 - 2XE(X) + \{E(X)\}^2\right]$$

$$= E(X^2) - 2E(X)E(X) + \{E(X)\}^2$$

$$= E(X^2) - \{E(X)\}^2 \tag{3.6}$$

$$\left(= E\{X(X-1)\} + E(X) - \{E(X)\}^2\right) \tag{3.7}$$

として計算することができる．また，分散は以下の性質をもつ．

定数 a, b に対して

$$\mathrm{Var}(aX + b) = E(a^2X^2 + 2abX + b^2) - \{aE(X) + b\}^2$$

$$= a^2\mathrm{Var}(X)$$

が成り立つ．

例 3.24 X を離散確率変数とし，$\Omega = \{0, 1, 2\}$ とする．X の確率関数が

$$f(x) = {}_2\mathrm{C}_x \left(\frac{1}{2}\right)^2$$

で与えられているとき，X の期待値と分散は

$$E(X) = 0 \times f(0) + 1 \times f(1) + 2 \times f(2) = 1,$$

$$\mathrm{Var}(X) = 0^2 \times f(0) + 1^2 \times f(1) + 2^2 \times f(2) - 1^2 = \frac{1}{2}$$

となる．

例 3.25 X を連続確率変数とし，$\Omega = (0, 1)$ とする．X の密度関数が

$$f(x) = 3(x - 1)^2$$

で与えられているとき，X の期待値は

$$E(X) = \int_0^1 xf(x)\,dx = 3\int_0^1 (x^3 - 2x^2 + x)\,dx = \frac{1}{4}$$

となる．また，

$$E(X^2) = \int_0^1 x^2 f(x)\,dx = 3\int_0^1 (x^4 - 2x^3 + x^2)\,dx = \frac{1}{10}$$

より，X の分散は (3.6) より

$$\text{Var}(X) = \frac{1}{10} - \left(\frac{1}{4}\right)^2 = \frac{3}{80}$$

である.

問題 3.26 いま, ある野球の試合で走者満塁とする. 打者が本塁打を打つ確率を 0.1 とする. 本塁打を打てば 4 点入る. 打者が三塁打を打つ確率を 0.2 とする. 三塁打を打てば 3 点入る. 打者が二塁打を打つ確率を 0.3 とする. 二塁打を打てば 2 点入る. 打者が単打を打つ確率を 0.4 とする. 単打を打てば 1 点入る. このとき, 入る得点の期待値および分散を計算せよ.

問題 3.27 連続確率変数 X のとりうる値の範囲を $-1 \leq x \leq 1$ とし, 密度関数を $f(x) = \frac{3}{2}x^2$ とする. このとき, X の期待値および分散を計算せよ.

3.4.2 多変量確率変数の場合 *

簡単のため, 主に確率変数が 2 つの場合について紹介する. 確率変数が 3 つ以上の場合も同様に議論できる.

2 つの確率変数を X, Y とし, φ を 2 つの変数をもつ関数 ($\varphi(x, y) = x + y$ など) とする. このとき, X, Y の関数 φ における期待値は

$$E\{\varphi(X, Y)\} = \begin{cases} \displaystyle\sum_{i=1}^{\infty}\sum_{j=1}^{\infty} \varphi(x_i, y_j) f(x_i, y_j) & (X, Y: \text{離散確率変数}), \\ \displaystyle\int_{-\infty}^{\infty}\int_{-\infty}^{\infty} \varphi(x, y) f(x, y)\, dxdy & (X, Y: \text{連続確率変数}) \end{cases}$$

で定義される. ここで関数 φ が $\varphi(x, y) = x$ や $\varphi(x, y) = y$ といった x のみの関数や y のみの関数であるとき, その期待値は周辺確率 (密度) 関数で計算できる. 例えば, X と Y が連続確率変数, $\varphi(x, y) = x$ のとき

$$E\{\varphi(X, Y)\} = E(X) = \int_{-\infty}^{\infty}\int_{-\infty}^{\infty} x f(x, y)\, dxdy$$

$$= \int_{-\infty}^{\infty} x \left(\int_{-\infty}^{\infty} f(x, y)\, dy\right) dx$$

$$= \int_{-\infty}^{\infty} x f_X(x)\, dx$$

となる. これは, $E(Y)$ や $\text{Var}(X)$, $\text{Var}(Y)$ についても同様である.

また，多変量に関する期待値は以下の性質をもつ.

任意の関数 $\varphi(x), \psi(y)$ と定数 a, b に対して

- $E\{a\varphi(X) + b\psi(Y)\} = aE\{\varphi(X)\} + bE\{\psi(Y)\}$,
- X と Y が独立のとき，$E\{\varphi(X)\psi(Y)\} = E\{\varphi(X)\}E\{\psi(Y)\}$,

が成り立つ. 特に，X と Y が独立で，$\varphi(x) = x$, $\psi(y) = y$ のとき，

$$E(XY) = E(X)E(Y)$$

となる.

さらに，2 つの確率変数の関係を表す値として，X と Y の共分散 $\mathrm{Cov}(X, Y)$ と相関係数 $\rho(X, Y)$ がそれぞれ

$$\mathrm{Cov}(X, Y) = E\left\{\big(X - E(X)\big)\big(Y - E(Y)\big)\right\},$$

$$\rho(X, Y) = \frac{\mathrm{Cov}(X, Y)}{\sqrt{\mathrm{Var}(X)\mathrm{Var}(Y)}}$$

で与えられる. これらは，2 つの確率変数の直線的な関係性を表す指標となっている. 共分散が 0 より大きければ「正の相関がある」(X が大きく (小さく) なれば Y も大きく (小さく) なる)，共分散が 0 より小さければ「負の相関がある」(X が大きく (小さく) なれば Y は小さく (大きく) なる) と考えられる. また，コーシー・シュワルツの不等式[13] より

$$\left[E\left\{\big(X - E(X)\big)\big(Y - E(Y)\big)\right\}\right]^2$$

$$\leq E\left\{\big(X - E(X)\big)^2\right\} E\left\{\big(Y - E(Y)\big)^2\right\}$$

となるので，$\{\rho(X, Y)\}^2 \leq 1$ が成立する. つまり，相関係数は

$$-1 \leq \rho(X, Y) \leq 1$$

という関係をもつ. これは，相関係数が $1 (-1)$ に近いほど正 (負) の相関が強く，0 に近いほど相関が弱いということを意味する.

期待値の性質より，X と Y の共分散は

$$\mathrm{Cov}(X, Y) = E\{XY - XE(Y) - E(X)Y + E(X)E(Y)\}$$

$$= E(XY) - E(X)E(Y)$$

---

13) $\{E(XY)\}^2 \leq E(X^2)E(Y^2)$ が成り立つ.

として計算できる.

また,共分散と相関係数に関して,以下が成り立つことがわかる.

定数 a, b, c, d に対して

- $\mathrm{Var}(aX + bY) = a^2 \mathrm{Var}(X) + b^2 \mathrm{Var}(Y) + 2ab\, \mathrm{Cov}(X, Y)$,
- $\mathrm{Cov}(aX + b, cY + d) = ac\, \mathrm{Cov}(X, Y)$,
- $\rho(aX + b, cY + d) = \dfrac{ac}{|ac|} \rho(X, Y)$,
- X と Y が独立のとき, $\mathrm{Cov}(X, Y) = 0$,

となる. 特に, X と Y が独立のとき,

$$\mathrm{Var}(aX + bY) = a^2 \mathrm{Var}(X) + b^2 \mathrm{Var}(Y), \quad \rho(X, Y) = 0$$

となる.

X の条件付き確率 (密度) 関数 $f_X(x|y)$ による X の期待値を, Y を与えたときの X の**条件付き期待値**とよび, $E(X|Y)$ と表す. X と Y が離散確率変数のとき, $Y = y_j$ を与えたときの X の条件付き期待値は

$$E(X|Y = y_j) = \sum_{i=1}^{\infty} x_i f_X(x_i|y_j)$$

と定義される. 条件付き期待値 $E(X|Y = y_j)$ は y_j によってその値が定まるので, y_j の関数である. また, X と Y が連続確率変数のとき,

$$E(X|Y = y) = \int_{-\infty}^{\infty} x f_X(x|y)\, dx$$

を, $Y = y$ を与えたときの X の**条件付き期待値**とよぶ. $E(X|Y = y)$ は, 各 y についてその値が定まっているので y の関数と考えられる. $X = x$ を与えたときの条件付き期待値は, Y の条件付き確率 (密度) 関数 $f_Y(y|x)$ に対して同様に定義すればよい.

さらに, 条件付き期待値に関して以下が成り立つ.

X, Y, Z を確率変数, a, b を定数とすると,

- $E(aX + bY|Z) = aE(X|Z) + b(Y|Z)$,
- $E\{E(X|Y)\} = E(X)$,
- 関数 $\psi(y)$ に対して, $E\{\psi(Y)X|Y\} = \psi(Y)E(X|Y)$,

> • X と Y が独立のとき，$E(X|Y) = E(X)$.

3.5 確率変数の関数の分布

3.5.1 1 変量確率変数の場合 *

確率変数 X に対して $Y = \varphi(X)$ とし，Y の確率 (密度) 関数を導く.

まず，X を離散確率変数とし，$f(x)$ を X の確率関数とする．このとき，$Y = \varphi(X)$ の確率関数は

$$P(Y = y) = P\left\{X \in \varphi^{-1}(y)\right\} = \sum_{x \in \varphi^{-1}(y)} f(x)$$

で与えられる．ここで，$\varphi^{-1}(y) = \{x : \varphi(x) = y\}$ である．

> **例 3.28** 離散確率変数 X のとりうる値を $\Omega_X = \{-2, 1, 0, 1, 2\}$ とし，X の確率関数が
>
> $$f(x) = P(X = x) = \frac{1}{5} \quad (x = -2, 1, 0, 1, 2)$$
>
> で与えられるとする.
>
> (1) 離散確率変数 Y を $Y = X^2$ とすると，Y のとりうる値は $\Omega_Y = \{0, 1, 4\}$ である．また，Y の確率関数は
>
> $$P(Y = 0) = P(X = 0) = \frac{1}{5},$$
> $$P(Y = 1) = P(X = -1) + P(X = 1) = \frac{2}{5},$$
> $$P(Y = 4) = P(X = -2) + P(X = 2) = \frac{2}{5}$$
>
> となる.
>
> (2) 離散確率変数 Y が，$|X| \leq 1$ のとき $Y = 0$，$|X| > 1$ のとき $Y = 1$ を満たすとすると，Y の確率関数は
>
> $$P(Y = 0) = P(|X| \leq 1) = \frac{3}{5},$$
> $$P(Y = 1) = P(|X| > 1) = \frac{2}{5}$$
>
> となる.

問題 3.29 1 から 6 の目が等しい確率で出るサイコロを考え，そのサイコロの出た目を確率変数 X とする．$Y = \varphi(X)$ として

$$Y = \begin{cases} 1 & (X \leq 3), \\ 0.5X & (X \geq 4) \end{cases}$$

とする．このとき，Y の確率関数を求めよ．

　次に，X を連続確率変数とし，そのとりうる値の範囲を $\Omega_X = (-\infty, \infty)$，$f(x)$ を X の密度関数とする．また，X の関数 $\varphi(X)$ は単調増加関数もしくは単調減少関数であるとし，$Y = \varphi(X)$ のとりうる値の範囲を $\Omega_Y = (-\infty, \infty)$ とする．このとき，任意の $y \in (-\infty, \infty)$ に対して，$\varphi(x) = y$ を満たす x は 1 点のみとなる．つまり，$\varphi^{-1}(y)$ がただ 1 つに定まる．Y が区間 (a, b) の値をとる確率は，置換積分を用いて

$$P(a < Y < b) = \begin{cases} P\left\{\varphi^{-1}(a) < X < \varphi^{-1}(b)\right\} & (\varphi: \text{単調増加}) \\ P\left\{\varphi^{-1}(b) < X < \varphi^{-1}(a)\right\} & (\varphi: \text{単調減少}) \end{cases}$$

$$= \begin{cases} \displaystyle\int_a^b f\left\{\varphi^{-1}(y)\right\}\left\{\frac{d}{dy}\varphi^{-1}(y)\right\} dy & (\varphi: \text{単調増加}) \\ \displaystyle\int_a^b \left(-f\left\{\varphi^{-1}(y)\right\}\right)\left\{\frac{d}{dy}\varphi^{-1}(y)\right\} dy & (\varphi: \text{単調減少}) \end{cases}$$

となる．したがって，Y の密度関数 $g(y)$ は

$$g(y) = \begin{cases} f\left\{\varphi^{-1}(y)\right\}\left\{\dfrac{d}{dy}\varphi^{-1}(y)\right\} & (\varphi: \text{単調増加}) \\ -f\left\{\varphi^{-1}(y)\right\}\left\{\dfrac{d}{dy}\varphi^{-1}(y)\right\} & (\varphi: \text{単調減少}) \end{cases}$$

で与えられる．

例 3.30 連続確率変数 X のとりうる値の範囲を $\Omega_X = (-3, 3)$ とし，X の密度関数が

$$f(x) = \frac{1}{6} \quad (-3 < x < 3)$$

で与えられるとする．連続確率変数 Y を $Y = \varphi(X) = 100X$ とすると，Y のとりうる値の範囲は $\Omega_Y = (-300, 300)$ である．

このとき $\varphi(X)$ は単調増加関数であり，任意の $y \in \Omega_Y$ に対して $\varphi^{-1}(y) = \dfrac{y}{100}$ となる．Y の密度関数 $g(y)$ は

$$g(y) = f\left(\frac{y}{100}\right) \times \frac{d}{dy}\left(\frac{y}{100}\right) = \frac{1}{6} \times \frac{1}{100} = \frac{1}{600}$$

となる．

例 3.31 連続確率変数 X のとりうる値の範囲を $\Omega_X = (-\infty, \infty)$ とし，X の密度関数が

$$f(x) = \frac{1}{\sqrt{2\pi}} \exp\left(-\frac{x^2}{2}\right) \quad (-\infty < x < \infty)$$

で与えられるとする[14]．連続確率変数 Y を $Y = \varphi(X) = aX + b \ (a \neq 0)$ とすると，Y のとりうる値の範囲は $\Omega_Y = (-\infty, \infty)$ である．

(1) $a > 0$ のとき，$\varphi(X)$ は単調増加関数であり，任意の $y \in (-\infty, \infty)$ に対して $\varphi^{-1}(y) = \dfrac{y - b}{a}$ となる．Y の密度関数 $g(y)$ は

$$g(y) = f\left(\frac{y-b}{a}\right)\left\{\frac{d}{dy}\left(\frac{y-b}{a}\right)\right\} = \frac{1}{\sqrt{2\pi a^2}}\exp\left\{-\frac{(y-b)^2}{2a^2}\right\}$$

となる．

(2) $a < 0$ のとき，$\varphi(X)$ は単調減少関数であり，任意の $y \in (-\infty, \infty)$ に対して $\varphi^{-1}(y) = \dfrac{y - b}{a}$ となる．Y の密度関数 $g(y)$ は

$$g(y) = -f\left(\frac{y-b}{a}\right)\left\{\frac{d}{dy}\left(\frac{y-b}{a}\right)\right\} = \frac{1}{\sqrt{2\pi a^2}}\exp\left\{-\frac{(y-b)^2}{2a^2}\right\}$$

となる．

問題 3.32 連続確率変数 X のとりうる値の範囲を $\Omega_X = (-3, 3)$，X の密度関数が $f(x) = \dfrac{1}{6} \ (-3 < x < 3)$ で与えられるとし，連続確率変数 Y を $Y = \varphi(X) = -\dfrac{1}{2}X$ とする．このとき，Y の密度関数 $g(y)$ を求めよ．

---

14) $\exp(x)$ は指数関数を表し，$\exp(x) = e^x$ である．また，指数関数の性質より，$\exp(x+y) = \exp(x)\exp(y)$，$\{\exp(x)\}^a = \exp(ax)$ が成り立つ．

問題 3.33 連続確率変数 X のとりうる値の範囲を $\Omega_X = (1,5)$, X の密度関数が $f(x) = \dfrac{3}{124}x^2$ $(1 < x < 5)$ で与えられるとし, 連続確率変数 Y を, $\log$ を自然対数として $Y = \varphi(X) = \log X$ とする. このとき, Y の密度関数 $g(y)$ を求めよ[15].

3.5.2 多変量確率変数の場合 *

2 つの確率変数 X, Y に対して, $U = \varphi_1(X, Y)$, $V = \varphi_2(X, Y)$ とし, (U, V) の同時確率 (密度) 関数を導く. 確率変数が 3 つ以上の場合も同様に考えることができる.

X, Y を離散確率変数とし, $f(x, y)$ を (X, Y) の同時確率関数とする. このとき, (U, V) の同時確率関数は

$$P(U = u, V = v) = P\{\varphi_1(x, y) = u, \varphi_2(x, y) = v\}$$
$$= \sum_{(x,y)\in\{(x,y)\,:\,\varphi_1(x,y)=u,\varphi_2(x,y)=v\}} f(x, y)$$

で与えられる.

また, X, Y を連続確率変数, $f(x, y)$ を (X, Y) の同時密度関数とし, (X, Y) と (U, V) は 1 対 1 に対応すると仮定する. つまり, ある u, v に対して $\varphi_1(x, y) = u$ かつ $\varphi_2(x, y) = v$ となる (x, y) はただ一組存在するものと考える. このとき, $\psi_1(u, v) = x$, $\psi_2(u, v) = y$ を満たす関数 ψ_1, ψ_2 が存在する. 関数 $\psi_1(u, v)$ と $\psi_2(u, v)$ が微分可能であるとき, $\psi_1(u, v)$ と $\psi_2(u, v)$ に対応する関数行列式 J を

$$J = \begin{vmatrix} \dfrac{\partial}{\partial u}\psi_1(u, v) & \dfrac{\partial}{\partial u}\psi_2(u, v) \\[2mm] \dfrac{\partial}{\partial v}\psi_1(u, v) & \dfrac{\partial}{\partial v}\psi_2(u, v) \end{vmatrix}$$

と定義し, **ヤコビアン**とよぶ. この行列式 J を用いて, 確率変数 (U, V) の同時密度関数 $g(u, v)$ は

$$g(u, v) = f\{\psi_1(u, v), \psi_2(u, v)\}\,|J|$$

---

15) ヒント. $y = \varphi(x) = \log x$ の逆関数は $x = \varphi^{-1}(y) = e^y$ である. また, 指数関数 e^y の微分係数は $\dfrac{d}{dy}e^y = e^y$ である ([10, p.195]).

で与えられる. $g(u, v)$ の周辺密度関数

$$g_U(u) = \int_{-\infty}^{\infty} g(u, v)\, dv, \quad g_V(v) = \int_{-\infty}^{\infty} g(u, v)\, du$$

が U, V それぞれの密度関数となる.

例 **3.34** 多変量確率変数の関数の同時確率 (密度) 関数の導出を利用して, 確率変数の和の分布を求める.

(1) X と Y を独立な離散確率変数とし, $f(x, y)$ を (X, Y) の同時確率関数とする. $U = X + Y, V = X$ とすると, (U, V) の同時確率関数は

$$P(U = u, V = v) = P(X + Y = u, X = v)$$
$$= P(X = v, Y = u - v) = f_X(v) f_Y(u - v)$$

となる. また, U に関する周辺確率関数

$$P(U = u) = \sum_v f_X(v) f_Y(u - v)$$

を求めることにより, 確率変数の和 $X + Y$ の確率関数を導くことができる.

(2) X と Y を独立な連続確率変数とし, $f(x, y)$ を (X, Y) の同時密度関数とする. $U = X + Y, V = X$ としたとき, (U, V) の同時密度関数を求める. $X = V, Y = U - V$ となるので, ヤコビアンは

$$J = \begin{vmatrix} 0 & 1 \\ 1 & -1 \end{vmatrix} = -1$$

となる. したがって, (U, V) の同時密度関数 $g(u, v)$ は

$$g(u, v) = f(v, u - v)|-1| = f_X(v) f_Y(u - v)$$

で与えられる. また, U に関する周辺確率関数

$$g_U(u) = \int_{-\infty}^{\infty} f_X(v) f_Y(u - v)\, dv$$

を求めることにより, 確率変数の和 $X + Y$ の密度関数を導くことができる.

4

確 率 分 布

この章では代表的な確率分布を取り上げて，その特徴の紹介や期待値・分散の導出を行う[1]．なお，図 4.1–4.8, 4.12–4.21, 4.23, 4.25 は各確率分布の確率 (密度) 関数および累積分布関数の挙動を表すグラフとなっているので，各確率分布がもつ特徴をイメージする際の参考とされたい．

4.1 離散確率分布

4.1.1 離散一様分布 $U(x_1, x_2, \ldots, x_n)$

確率変数 X が n 個の値 $x_1, x_2, \ldots, x_n$ を等しい確率でとるとき，その確率関数は

$$P(X = x_i) = \frac{1}{n} \quad (i = 1, 2, \ldots, n) \tag{4.1}$$

と書ける．このような分布を**離散一様分布**とよび，$U(x_1, x_2, \ldots, x_n)$ と表す．(4.1) が確率関数の性質を満たすことは明らかである．この確率分布の期待値と分散は，それぞれ

$$E(X) = \frac{1}{n} \sum_{i=1}^{n} x_i,$$

$$\mathrm{Var}(X) = E(X^2) - \{E(X)\}^2 = \frac{1}{n} \sum_{i=1}^{n} x_i^2 - \left(\frac{1}{n} \sum_{i=1}^{n} x_i \right)^2$$

で与えられる．

例えば，確率変数 X が 1 から n までの値を等確率でとるとすると，その確率は $P(X = i) = \frac{1}{n} \ (i = 1, 2, \ldots, n)$ と表され，期待値と分散は，それぞれ

---

1) 詳細や証明を省略しているものについては [2], [9], [11] などを参照されたい．

$$E(X) = \frac{1}{n} \sum_{i=1}^{n} i = \frac{n+1}{2},$$

$$\mathrm{Var}(X) = \frac{1}{n} \sum_{i=1}^{n} i^2 - \left(\frac{n+1}{2}\right)^2 = \frac{n^2 - 1}{12}$$

となる.

例 **4.1** 各目の出る確率が等しいサイコロを 1 回振り,その出た目を X とする.出た目が i $(i = 1, \ldots, 6)$ となる確率は $P(X = i) = \frac{1}{6}$ と表すことができ,確率変数 X は離散一様分布 $U(1, 2, 3, 4, 5, 6)$ に従うと考えられる.このとき,このサイコロの出た目の期待値と分散は,$E(X) = \frac{7}{2}$,$\mathrm{Var}(X) = \frac{35}{12}$ となることがわかる.

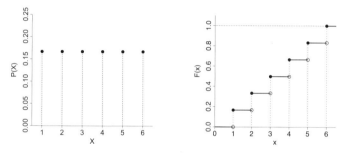

図 **4.1** 離散一様分布 $U(1, 2, 3, 4, 5, 6)$ の確率関数 (左) とその累積分布関数 (右)

問題 4.2 ある商品の価格が現在 100 円とする.1 年後にこの商品の価格は「110 円に値上がり」「100 円の現状維持」「90 円に値下がり」の 3 つの可能性があるとし,どの可能性が実現する確率も等しく 1/3 と仮定する.このとき,この商品の 1 年後の価格の期待値および分散を計算せよ.

4.1.2 ベルヌーイ分布 $B_N(1, p)$

コインを 1 回投げるという試行を実施して表が出るか否かを調べる場合,その結果として成功 (表が出る) または失敗 (表が出ない) という 2 通りのいずれかが得られる.このように 2 通りの結果が得られる試行で,成功の確率を p $(0 < p < 1)$,失敗の確率を $1 - p$ とした試行を**ベルヌーイ試行**という.ここでの成功と失敗とは,特定の事象が起きたか否かに対応して分類したものであ

り, 言葉どおりの意味とは異なる. 例えば, サイコロを 1 回振って, 2 以下の
目が出たときを成功, それ以外の目が出たときを失敗とおくと, これも一種の
ベルヌーイ試行であると考えられる.

ベルヌーイ試行の成功を 1, 失敗を 0 と表すことにより, 2 値の確率変数 X
が得られ, その確率関数は

$$P(X = 0) = 1 - p, \quad P(X = 1) = p$$

と書ける. この分布を**ベルヌーイ分布**とよび, $B_N(1, p)$ と表す. その期待値
と分散は, それぞれ

$$E(X) = 0 \times (1 - p) + 1 \times p = p,$$

$$\mathrm{Var}(X) = (0 - p)^2 \times (1 - p) + (1 - p)^2 \times p = p(1 - p)$$

となる.

4.1.3 二項分布 $B_N(n, p)$

成功確率が p の独立なベルヌーイ試行を n 回行い, その結果を $X_1, X_2, \ldots, X_n$
(成功すれば 1, 失敗すれば 0) とする.

$$X = X_1 + X_2 + \cdots + X_n$$

とすると, X は n 回の試行のうちの成功回数を表し, $0, 1, \ldots, n$ の値をとる確
率変数となる. ここで, n 回の試行のうち, ある x 回で成功し, 残りの $n - x$
回で失敗する確率は $p^x(1 - p)^{n-x}$ と書ける. また, x 回の成功が n 回の試行
のうち何回目で発生するかの組合せの数は ${}_nC_x$ となる. これらを考慮するこ
とにより, 成功回数 X に対する確率関数

$$P(X = x) = {}_nC_x p^x (1 - p)^{n-x} \quad (x = 0, 1, \ldots, n) \tag{4.2}$$

が導かれる. このような分布を**二項分布**とよび, $B_N(n, p)$ と表す. 二項定理[2]
より, (4.2) が確率関数の性質

$$\sum_{x=0}^{n} P(X = x) = \sum_{x=0}^{n} {}_nC_x p^x (1 - p)^{n-x} = \{p + (1 - p)\}^n = 1$$

を満たすことが示される. 4.1.2 項で扱ったベルヌーイ分布は, 試行回数が 1
回, つまり $n = 1$ のときの二項分布である.

---

2) **二項定理**とは, $(x + y)^n = \sum_{i=0}^{n} {}_nC_i x^i y^{n-i}$ が成り立つことをいう.

二項分布 $B_N(n, p)$ に従う確率変数 X の期待値と分散を求める.

$$\begin{aligned}
E(X) &= \sum_{x=0}^{n} x \cdot {}_n\mathrm{C}_x p^x (1-p)^{n-x} \\
&= \sum_{x=0}^{n} x \cdot \frac{n!}{(n-x)! x!} p^x (1-p)^{n-x} \\
&= np \sum_{x=1}^{n} \frac{(n-1)!}{(n-x)!(x-1)!} p^{x-1} (1-p)^{n-x}.
\end{aligned}$$

ここで, $x - 1 = y$ とおくと,

$$E(X) = np \sum_{y=0}^{n-1} \frac{(n-1)!}{\{(n-1)-y\}! y!} p^y (1-p)^{(n-1)-y}$$

である. 総和についてみてみると, 二項分布 $B_N(n-1, p)$ の確率関数の和になっていることより,

$$E(X) = np$$

が得られる. 同様にして, $x - 2 = y$ とおくと

$$\begin{aligned}
E\{X(X-1)\} &= \sum_{x=0}^{n} x(x-1) \cdot {}_n\mathrm{C}_x p^x (1-p)^{n-x} \\
&= \sum_{x=0}^{n} x(x-1) \cdot \frac{n!}{(n-x)! x!} p^x (1-p)^{n-x} \\
&= n(n-1)p^2 \sum_{x=2}^{n} \frac{(n-2)!}{(n-x)!(x-2)!} p^{x-2} (1-p)^{n-x} \\
&= n(n-1)p^2 \sum_{y=0}^{n-2} \frac{(n-2)!}{\{(n-2)-y\}! y!} p^y (1-p)^{(n-2)-y} \\
&= n(n-1)p^2
\end{aligned}$$

となるので, 分散は (3.7) より

$$\mathrm{Var}(X) = n(n-1)p^2 + np - (np)^2 = np(1-p).$$

成功確率 p は $0 < p < 1$ であるので, 二項分布では常に分散が期待値より小さくなることがわかる.

例 **4.3** 各目の出る確率が等しいサイコロを 10 回振り, その出た目を観測し, 6 の目が出る回数が 2 回以下である確率を求める. 確率変数 X を 6 の目が出た回数とすると, X は二項分布 $B_N(10, \frac{1}{6})$ に従うと考えられる. したがって, 求める確率は

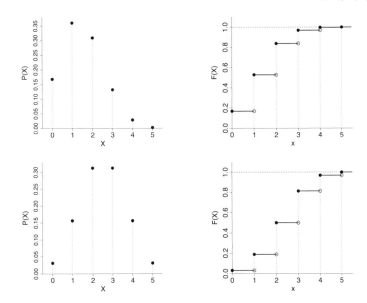

図 4.2　二項分布 $B_N(5, 0.3)$ の確率関数 (左上) とその累積分布関数 (右上), $B_N(5, 0.5)$ の確率関数 (左下) とその累積分布関数 (右下)

$$P(X \le 2) = P(X = 0) + P(X = 1) + P(X = 2)$$

$$= {}_{10}C_0 \left(\frac{5}{6}\right)^{10} + {}_{10}C_1 \left(\frac{1}{6}\right) \left(\frac{5}{6}\right)^{9} + {}_{10}C_2 \left(\frac{1}{6}\right)^2 \left(\frac{5}{6}\right)^8$$

$$\approx 0.775$$

となる. また, X の期待値と分散は, $E(X) = \frac{5}{3}$, $\mathrm{Var}(X) = \frac{25}{18}$ である.

> **問題 4.4** (1) 当たりを引く確率が 10% のくじ引きを行う. くじを引いて戻すという試行を 3 回繰り返したとき, 当たりを 1 回だけ引く確率を求めよ.
> (2) 各目が出る確率が等しいサイコロを 5 回振り, その出た目を観測する. このとき, 2 以下の目が出る回数が 4 回以上である確率を求めよ.

4.1.4　ポアソン分布 $P_o(\lambda)$ *

ポアソン分布 ($P_o(\lambda)$ と表す) は, 試行回数 n が非常に大きく成功確率 p が非常に小さい二項分布 $B_N(n, p)$ の近似として利用することができる. 二項分布 $B_N(n, p)$ において, $np = \lambda\ (> 0)$ を固定し, $n \to \infty, p \to 0$ という極限

をとると，二項分布の確率関数が

$$_n\mathrm{C}_x p^x (1-p)^{n-x} = \frac{n(n-1)\cdots(n-x+1)}{x!} p^x (1-p)^{n-x}$$

$$= \frac{(1-\frac{1}{n})\cdots(1-\frac{x-1}{n})}{x!}\lambda^x \left(1-\frac{\lambda}{n}\right)^n \left(1-\frac{\lambda}{n}\right)^{-x}$$

$$= \frac{(1-\frac{1}{n})\cdots(1-\frac{x-1}{n})}{x!}\lambda^x \left\{\left(1-\frac{\lambda}{n}\right)^{-\frac{n}{\lambda}}\right\}^{-\lambda} \left(1-\frac{\lambda}{n}\right)^{-x}$$

$$\to e^{-\lambda}\frac{\lambda^x}{x!} \quad (n\to\infty) \tag{4.3}$$

となることが示される (最後の収束には，$n\to\infty$ において $(1+a/n)^{n/a}\to e$ となることを用いている). (4.3) より，確率変数 X がポアソン分布 $P_o(\lambda)$ に従うとすると，X は $0,1,2,\ldots$ の値をとり，その確率関数は

$$P(X=x) = e^{-\lambda}\frac{\lambda^x}{x!} \quad (x=0,1,2,\ldots) \tag{4.4}$$

となる．e^λ のマクローリン展開[3] より，(4.4) が確率関数の性質

$$\sum_{x=0}^{\infty} P(X=x) = e^{-\lambda} \sum_{x=0}^{\infty} \frac{\lambda^x}{x!} = 1$$

を満たすことがわかる.

　ポアソン分布は，n が非常に大きく p が非常に小さい二項分布の近似となっているので，稀にしか起きない事象に関して，その事象が起きたか否かを大量に観測したときの事象が起こった総回数を表す分布である．これは，ポアソン分布 $P_o(\lambda)$ が，"単位時間[4]に平均して λ 回起きる事象について，単位時間当たりに対象の事象が起きる回数を表す分布" であるといい換えることもできる．例えば，一定期間に起きる交通事故の件数や機械の故障の回数は，ポアソン分布に従うと考えられる.

　ポアソン分布 $P_o(\lambda)$ に従う確率変数 X の期待値は，$x-1=y$ とおくと，

$$E(X) = \sum_{x=0}^{\infty} x e^{-\lambda}\frac{\lambda^x}{x!} = \lambda \sum_{x=1}^{\infty} e^{-\lambda}\frac{\lambda^{x-1}}{(x-1)!} = \lambda \sum_{y=0}^{\infty} e^{-\lambda}\frac{\lambda^y}{y!}$$

と書ける．総和についてみてみると，ポアソン分布 $P_o(\lambda)$ の確率関数の和に

---

3) $e^\lambda = \sum\limits_{x=0}^{\infty} \dfrac{\lambda^x}{x!}$.

4) ある一定の期間 (1 時間，1 日，1 ヶ月，1 年など) を 1 と換算する.

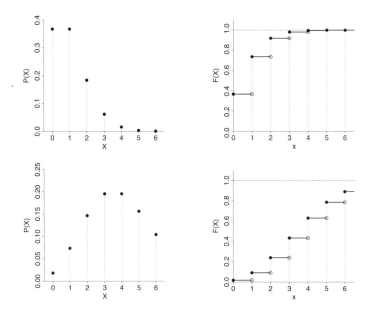

図 4.3　ポアソン分布 $P_o(1)$ の確率関数 (左上) とその累積分布関数 (右上),
$P_o(4)$ の確率関数 (左下) とその累積分布関数 (右下)

なっていることより,

$$E(X) = \lambda$$

が得られる. 同様にして, $x - 2 = y$ とおくと,

$$E\{X(X-1)\} = \sum_{x=0}^{\infty} x(x-1)e^{-\lambda}\frac{\lambda^x}{x!} = \lambda^2 \sum_{y=0}^{\infty} e^{-\lambda}\frac{\lambda^y}{y!} = \lambda^2$$

となるので, 分散は (3.7) より

$$\mathrm{Var}(X) = \lambda^2 + \lambda - \lambda^2 = \lambda$$

となる. つまり, ポアソン分布では, 期待値と分散が等しい値をとる.

例 4.5　ある工場で使用している機械は, 1 ヶ月間に故障する確率が 1% である. 同機械を 200 台使用している工場で, 1 ヶ月間に 2 台以上の機械が故障する確率を求める.

確率変数 X を 1 ヶ月間に故障する機械の台数とすると, X は期待値 2 $(= 200 \times \frac{1}{100})$ のポアソン分布 $P_o(2)$ に従うと考えられる. したがって, 求める確率は

$$P(X \geq 2) = 1 - P(X < 2)$$

$$= 1 - \{P(X = 0) + P(X = 1)\}$$
$$= 1 - e^{-2} - 2e^{-2} \approx 0.594$$

となる．また，X の期待値と分散は，$E(X) = \mathrm{Var}(X) = 2$ である．

注意 4.6　例 4.5 においてポアソン分布を用いて確率を求めたが，確率変数 X は二項分布 $B_N(200, \frac{1}{100})$ に従うものとみなすこともできる．このとき，

$$P(X \geq 2) = 1 - \{P(X = 0) + P(X = 1)\}$$
$$= 1 - {}_{200}\mathrm{C}_0 \left(\frac{99}{100}\right)^{200} - {}_{200}\mathrm{C}_1 \left(\frac{1}{100}\right)\left(\frac{99}{100}\right)^{199} \approx 0.595$$

となり，どちらの分布で確率を計算しても近い値をとることがわかる．

> **問題 4.7**　あるお店には 1 日に 60 人の来客がある．また，このお店の 1 日の営業時間は 12 時間である．このとき，1 時間の来客が 2 人以下である確率をポアソン分布を用いて求めよ．ただし，$e^{-5} = 0.0067$ としてよい．

4.1.5　超幾何分布 $H_G(N, M, n)$ **

箱の中に N 枚のくじがあり，そのうち $M\ (\leq N)$ 枚が当たり，$N - M$ 枚がはずれであるとする．この中から $n\ (\leq N)$ 枚のくじを引いたときの当たりの枚数を X とすると，X のとりうる値は $\max\{0, n - (N - M)\}$ から $\min\{n, M\}$[5] までの値となる．このとき，当たりの枚数が x 枚になるのは ${}_M\mathrm{C}_x \cdot {}_{N-M}\mathrm{C}_{n-x}$ 通りであり，N 枚の中から n 枚を引くパターンは ${}_N\mathrm{C}_n$ 通りである．これらを考慮することにより，X の確率関数は

$$P(X = x) = \frac{{}_M\mathrm{C}_x \cdot {}_{N-M}\mathrm{C}_{n-x}}{{}_N\mathrm{C}_n} \tag{4.5}$$
$$(\max\{0, n - (N - M)\} \leq x \leq \min\{n, M\})$$

で与えられる．このような分布を**超幾何分布**といい，$H_G(N, M, n)$ と表す．

注意 4.8　上記のくじを引くという試行において，箱の中からくじを引いて戻してを n 回繰り返す場合，当たりの回数を X とおくと，X は $p = \dfrac{M}{N}$ の二項分布 $B_N\left(n, \dfrac{M}{N}\right)$ に従うと考えられる．このように，超幾何分布と二項分布の相違点として，試行ごとにもとに戻すか (重複を許すか) 否かという点があげられる．

---

5)　$\max\{a, b\}$ は a と b の大きい方の値を，$\min\{a, b\}$ は a と b の小さい方の値を表す．

注意 4.9　超幾何分布 $H_G(N, M, n)$ において, $n \leq M$ とし, x のとりうる値が $0, 1, \ldots, n$ であるとする. N が n に比べて十分に大きいとき,

$$\frac{{}_M\mathrm{C}_x \cdot {}_{N-M}\mathrm{C}_{n-x}}{{}_N\mathrm{C}_n}$$

$$= \frac{n!}{N(N-1)\cdots(N-n+1)} \times \frac{M(M-1)\cdots(M-x+1)}{x!}$$

$$\times \frac{(N-M)(N-M-1)\cdots\{N-M-(n-x)+1\}}{(n-x)!}$$

$$= \frac{n!}{x!(n-x)!}$$

$$\times \frac{\frac{M}{N}(\frac{M}{N}-\frac{1}{N})\cdots(\frac{M}{N}-\frac{x-1}{N})(1-\frac{M}{N})(1-\frac{M}{N}-\frac{1}{N})\cdots(1-\frac{M}{N}-\frac{n-x-1}{N})}{1\cdot(1-\frac{1}{N})\cdots(1-\frac{n-1}{N})}$$

$$\to {}_n\mathrm{C}_x p^x (1-p)^{n-x} \quad (N \to \infty)$$

となり, **超幾何分布は二項分布で近似できる**ことがわかる. つまり, N が大きい場合 (例えば, くじの枚数が十分に多い場合), 試行ごとにもとに戻すか否かということで差が生じないことを表している.

　超幾何分布 $H_G(N, M, n)$ に従う確率変数 X の期待値は

$$E(X) = \sum_x x \frac{{}_M\mathrm{C}_x \cdot {}_{N-M}\mathrm{C}_{n-x}}{{}_N\mathrm{C}_n}$$

$$= \frac{M}{\frac{N}{n}} \sum_x \frac{{}_{M-1}\mathrm{C}_{x-1} \cdot {}_{N-M}\mathrm{C}_{n-x}}{{}_{N-1}\mathrm{C}_{n-1}}$$

となる. ここで, $\sum$ はとりうるすべての x についての和を表し, 超幾何分布 $H_G(N-1, M-1, n-1)$ の確率関数の和である. したがって,

$$E(X) = n\frac{M}{N}$$

が得られる. 同様にして,

$$E\{X(X-1)\} = \sum_x x(x-1) \frac{{}_M\mathrm{C}_x \cdot {}_{N-M}\mathrm{C}_{n-x}}{{}_N\mathrm{C}_n}$$

$$= \frac{M(M-1)}{\frac{N(N-1)}{n(n-1)}} \sum_x \frac{{}_{M-2}\mathrm{C}_{x-2} \cdot {}_{N-M}\mathrm{C}_{n-x}}{{}_{N-2}\mathrm{C}_{n-2}}$$

$$= \frac{n(n-1)M(M-1)}{N(N-1)}$$

となるので, 分散は (3.7) より

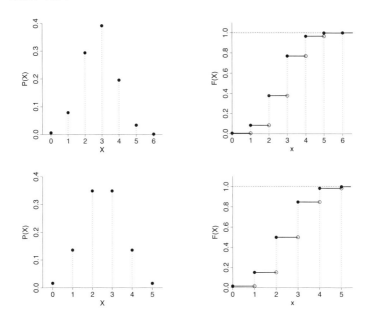

図 4.4　超幾何分布 $H_G(15, 7, 6)$ の確率関数 (左上) とその累積分布関数 (右上), $H_G(20, 10, 5)$ の確率関数 (左下) とその累積分布関数 (右下)

$$\mathrm{Var}(X) = n\frac{M}{N}\left\{\frac{(n-1)(M-1)}{N-1} + 1 - n\frac{M}{N}\right\}$$
$$= n\frac{M}{N}\left(1 - \frac{M}{N}\right)\frac{N-n}{N-1}$$

となる.

例 4.10　ある工場で製造した製品 20 個の中に不良品が 2 個あるとする. 適当に 5 個の製品を選択したとき, その中に不良品が含まれていない確率を求める.

このとき, 5 個中の不良品の個数を確率変数 X とすると, X は超幾何分布 $H_G(20, 2, 5)$ に従うと考えられる. したがって, 求める確率は

$$P(X=0) = \frac{{}_2\mathrm{C}_0 \cdot {}_{18}\mathrm{C}_5}{{}_{20}\mathrm{C}_5} \approx 0.553$$

となる. また, X の期待値と分散は, $E(X) = \frac{1}{2}$, $\mathrm{Var}(X) = \frac{27}{76}$ である.

4.1.6　幾何分布 $G(p)$ **

　二項分布や超幾何分布では，試行の回数 (n で表していた) があらかじめ決まっていた．ここでは，試行回数を決めず，成功確率が p の独立なベルヌーイ試行を繰り返し，初めて成功するまでに失敗した回数を X とする．X のとりうる値は $0, 1, 2, \ldots$ である．また，i 回目のベルヌーイ試行の結果を X_i とすると，X_i はベルヌーイ分布 $B_N(1, p)$ に従う．$x + 1$ 回目の試行で初めて成功した $(X = x)$ 場合，

$$X_1 = X_2 = \cdots = X_x = 0 \quad \text{かつ} \quad X_{x+1} = 1,$$

つまり，

$$X_1 + X_2 + \cdots + X_x = 0 \quad \text{かつ} \quad X_{x+1} = 1$$

である．このとき，$X_1 + X_2 + \cdots + X_x$ は二項分布 $B_N(x, p)$ に従い，X_{x+1} は $B_N(1, p)$ に従うので，

$$P(X_1 + X_2 + \cdots + X_x = 0) = (1 - p)^x, \ \ P(X_{x+1} = 1) = p$$

となる．したがって，X の確率関数が

$$
\begin{aligned}
P(X = x) &= P(X_1 + X_2 + \cdots + X_x = 0, \ X_{x+1} = 1) \\
&= P(X_1 + X_2 + \cdots + X_x = 0) P(X_{x+1} = 1) \\
&= p(1 - p)^x \quad (x = 0, 1, 2, \ldots)
\end{aligned}
\tag{4.6}
$$

で与えられる．この分布を**幾何分布**とよび，$G(p)$ と表す．幾何分布は，"成功するまでの待ち時間の分布" であるといえる．$1 - p < 1$ より，(4.6) は確率関数の性質

$$\sum_{x=0}^{\infty} P(X = x) = p \sum_{x=0}^{\infty} (1 - p)^x = p \frac{1}{1 - (1 - p)} = 1$$

を満たすことがわかる．

　幾何分布 $G(p)$ に従う確率変数 X の期待値は

$$
\begin{aligned}
E(X) &= \sum_{x=0}^{\infty} x p (1 - p)^x = p(1 - p) \sum_{x=1}^{\infty} x(1 - p)^{x-1} \\
&= p(1 - p) \frac{1}{\{1 - (1 - p)\}^2} = \frac{1 - p}{p}
\end{aligned}
$$

となる．また，

$$E\{X(X - 1)\} = \sum_{x=0}^{\infty} x(x - 1) p(1 - p)^x$$

$$= p(1-p)^2 \sum_{x=2}^{\infty} x(x-1)(1-p)^{x-2}$$

$$= p(1-p)^2 \frac{2}{\{1-(1-p)\}^3} = \frac{2(1-p)^2}{p^2}$$

となるので，X の分散は (3.7) より

$$\text{Var}(X) = \frac{2(1-p)^2}{p^2} + \frac{1-p}{p} - \left(\frac{1-p}{p}\right)^2 = \frac{1-p}{p^2}$$

となる．

ここで，確率変数 X をある試行が成功するまでの失敗の回数とし，x を 0 以上の整数とする．このとき，ある試行が x 回目までは成功しない (初めて成功するのが $x+1$ 回目以降である) 確率は，$P(X \geq x)$ と書ける．さらに，x 回目までは成功しないという条件の下で，さらに s (> 0) 回試行を行った後の試行のなかで初めて成功する ($x+s$ 回目までは成功しない) 確率は $P(X \geq x+s|X \geq x)$ となる．X が幾何分布 $G(p)$ に従うとすると，

$$P(X \geq x) = \sum_{t=x}^{\infty} p(1-p)^t = (1-p)^x$$

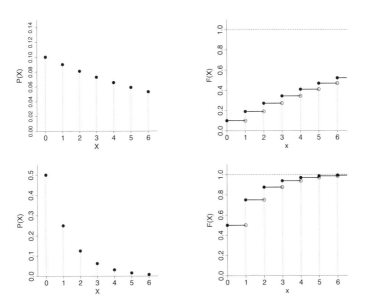

図 4.5　幾何分布 $G(0.1)$ の確率関数 (左上) とその累積分布関数 (右上)，$G(0.5)$ の確率関数 (左下) とその累積分布関数 (右下)

より,

$$P(X \geq x + s | X \geq x) = \frac{P(X \geq x + s)}{P(X \geq x)}$$

$$= \frac{(1-p)^{x+s}}{(1-p)^x} = (1-p)^s = P(X \geq s)$$

となる. これは, x 回目までは成功しないという条件が, その後の何回目の試行で成功するかに影響していないことを意味する. 例えば, 初めて当たりを引くまでくじを引いて戻すという試行を繰り返し行うとき, 「3回目で初めて当たりくじを引く確率」と「10回はずれを引いた後, その次の3回目で初めて当たりくじを引く確率」が等しくなると考えられる. このような性質を無記憶性という.

例 4.11 当たりを引く確率が10%のくじ引きを行う. 初めて当たりを引くまでくじを引いて戻すという試行を繰り返し, はずれを引いた回数が3回以下である確率を求める.

このとき, はずれを引いた回数を X とすると, X は幾何分布 $G(0.1)$ に従うと考えることができる. 求める確率は,

$$P(X \leq 3) = P(X = 0) + P(X = 1) + P(X = 2) + P(X = 3)$$

$$= \left(\frac{1}{10}\right)\left(\frac{9}{10}\right)^0 + \left(\frac{1}{10}\right)\left(\frac{9}{10}\right)^1 + \left(\frac{1}{10}\right)\left(\frac{9}{10}\right)^2$$

$$+ \left(\frac{1}{10}\right)\left(\frac{9}{10}\right)^3 \approx 0.344$$

となる. また, X の期待値と分散は, $E(X) = 9$, $\mathrm{Var}(X) = 90$ である.

問題 4.12 表が出る確率が0.4のコインを表が1回出るまで投げる.
(1) コインを投げる回数が2回以下である確率を求めよ.
(2) 少なくとも表が1回出る確率を0.8以上にするためには, コインを何回以上投げればよいか.

4.1.7 負の二項分布 $NB_N(n, p)$ **

成功確率が p の独立なベルヌーイ試行を繰り返し, n (≥ 1) 回成功するまでに失敗した回数を X とする. このとき, X のとる値は $0, 1, 2, \ldots$ である.

$X = x$ の場合，ベルヌーイ試行の回数は $n + x$ 回であり，最後 $(n + x$ 回目$)$ の試行は成功，最後の試行を除いた $n + x - 1$ 回の試行で $n - 1$ 回成功すると考えられる．これらの組合せの数を考慮すると，X の確率関数は

$$P(X = x) = {}_{n+x-1}\mathrm{C}_x p^n (1-p)^x \quad (x = 0, 1, 2, \ldots) \tag{4.7}$$

となる．このような分布を**負の二項分布**とよび，$NB_N(n, p)$ と表す．負の二項定理[6]より，(4.7) が確率関数の性質

$$\sum_{x=0}^{\infty} P(X = x) = p^n \sum_{x=0}^{\infty} {}_{n+x-1}\mathrm{C}_x (1-p)^x = p^n \{1 + (p-1)\}^{-n} = 1$$

を満たすことが示される．$n = 1$ のとき，負の二項分布は幾何分布と同じ，つまり，$NB_N(1, p) = G(p)$ である．

負の二項分布 $NB_N(n, p)$ に従う確率変数 X の期待値を求める．$x - 1 = y$ とおくと，負の二項定理より，

$$\begin{aligned}
E(X) &= \sum_{x=0}^{\infty} x \cdot {}_{n+x-1}\mathrm{C}_x p^n (1-p)^x \\
&= p^n \sum_{x=0}^{\infty} x \cdot \frac{(n+x-1)!}{(n-1)!x!} (1-p)^x \\
&= p^n (1-p) \sum_{x=1}^{\infty} \frac{(n+x-1)!}{(n-1)!(x-1)!} (1-p)^{x-1} \\
&= np^n (1-p) \sum_{y=0}^{\infty} \frac{(n+y)!}{n!y!} (1-p)^y \\
&= n \frac{1-p}{p}
\end{aligned}$$

となる．同様にして，$x - 2 = y$ とおくと，

$$\begin{aligned}
E\{X(X-1)\} &= \sum_{x=0}^{\infty} x(x-1) \cdot {}_{n+x-1}\mathrm{C}_x p^n (1-p)^x \\
&= p^n (1-p)^2 \sum_{x=2}^{\infty} \frac{(n+x-1)!}{(n-1)!(x-2)!} (1-p)^{x-2} \\
&= n(n+1) p^n (1-p)^2 \sum_{y=0}^{\infty} \frac{(n+y+1)!}{(n+1)!y!} (1-p)^y \\
&= n(n+1) \frac{(1-p)^2}{p^2}
\end{aligned}$$

---

6) 負の二項定理とは，$(1+x)^{-n} = \sum_{i=0}^{\infty} {}_{n+i-1}\mathrm{C}_i (-x)^i$ が成り立つことをいう．

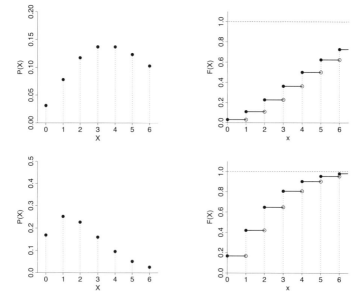

図 4.6 負の二項分布 $NB_N(5, 0.5)$ の確率関数 (左上) とその累積分布関数 (右上), $NB_N(5, 0.7)$ の確率関数 (左下) とその累積分布関数 (右下)

となるので, X の分散は (3.7) より

$$\mathrm{Var}(X) = n(n+1)\frac{(1-p)^2}{p^2} + n\frac{1-p}{p} - \left(n\frac{1-p}{p}\right)^2 = n\frac{1-p}{p^2}$$

となる. 負の二項分布の場合の期待値と分散は, 幾何分布の場合の期待値と分散の n 倍となっている. つまり, n 回成功するまでに失敗する回数の期待値と分散は, 1 回成功するまでの失敗する回数の期待値と分散の n 倍といえる.

> **例 4.13** 当たりを引く確率が 10% のくじ引きを行う. 3 回当たりを引くまでくじを引いて戻すという試行を繰り返し, はずれを引いた回数が 3 回以下である確率を求める.
>
> このとき, はずれを引いた回数を X とすると, X は負の二項分布 $NB_N(3, 0.1)$ に従うと考えることができる. 求める確率は,
>
> $$P(X \leq 3) = P(X=0) + P(X=1) + P(X=2) + P(X=3)$$
> $$= {}_2\mathrm{C}_0 \left(\frac{1}{10}\right)^3 \left(\frac{9}{10}\right)^0 + {}_3\mathrm{C}_1 \left(\frac{1}{10}\right)^3 \left(\frac{9}{10}\right)^1$$

$$+ {}_4C_2 \left(\frac{1}{10}\right)^3 \left(\frac{9}{10}\right)^2 + {}_5C_3 \left(\frac{1}{10}\right)^3 \left(\frac{9}{10}\right)^3$$

$$\approx 0.016$$

となる．また，X の期待値と分散は，$E(X) = 27$, $\mathrm{Var}(X) = 270$ である．

4.2 連続確率分布

4.2.1 一様分布 $U(\alpha, \beta)$

確率変数 X が区間 (α, β) $(\alpha < \beta)$ 上の値を等確率でとるとき，その密度関数は

$$f(x) = \frac{1}{\beta - \alpha} \quad (\alpha < x < \beta) \tag{4.8}$$

で定義される．このような確率分布を**一様分布**とよび，$U(\alpha, \beta)$ と表す．例えば，$\alpha < a < b < \beta$ とし，X が $U(\alpha, \beta)$ に従うとすると

$$P(a < X < b) = \int_a^b \frac{1}{\beta - \alpha} \, dx = \frac{b - a}{\beta - \alpha}$$

となり，その確率は a, b の値によらず，区間 (a, b) の長さ $b - a$ に比例する．また，簡単な積分計算により，(4.8) が密度関数の性質を満たすことがわかる．

一様分布 $U(\alpha, \beta)$ に従う確率変数 X の期待値は，

$$E(X) = \int_\alpha^\beta x \frac{1}{\beta - \alpha} \, dx = \frac{\beta + \alpha}{2}$$

となる．また，

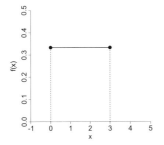 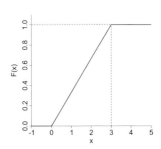

図 4.7 一様分布 $U(0, 3)$ の密度関数 (左) とその累積分布関数 (右)

$$E(X^2) = \int_\alpha^\beta x^2 \frac{1}{\beta - \alpha}\, dx = \frac{\beta^2 + \beta\alpha + \alpha^2}{3}$$

となるので，X の分散は (3.6) より

$$\mathrm{Var}(X) = \frac{\beta^2 + \beta\alpha + \alpha^2}{3} - \left(\frac{\beta + \alpha}{2}\right)^2 = \frac{(\beta - \alpha)^2}{12}$$

である．

例 4.14 ある商品の価格が現在 100 円とする．1 年後にこの商品の価格は「90 円から 110 円の間のどんな値にもなりうるが，どれになるかの確率は等しい」とする．つまりこの場合，1 年後のこの商品の価格を連続確率変数 X，その実現値を x で表せば，その密度関数は一様分布

$$f(x) = \frac{1}{110 - 90} = \frac{1}{20} \quad (90 < x < 110)$$

となる．したがってその期待値は

$$E(X) = \int_{90}^{110} x \frac{1}{20}\, dx = \frac{1}{20} \int_{90}^{110} x\, dx$$

$$= \frac{1}{20} \cdot \left[\frac{1}{2}x^2\right]_{90}^{110} = \frac{1}{20} \cdot \frac{1}{2}(110^2 - 90^2) = \frac{8100}{40} = 100.$$

また，

$$E(X^2) = \int_{90}^{110} x^2 \frac{1}{20}\, dx = \frac{1}{20} \cdot \left[\frac{1}{3}x^3\right]_{90}^{110} = \frac{602000}{60}$$

となるので，X の分散は (3.6) より

$$\mathrm{Var}(X) = \frac{602000}{60} - (100)^2 = \frac{100}{3} \approx 33.3$$

となる．

問題 4.15 あなたは仕事場から自宅までの一本道のどこかに財布を落としてしまった．一本道を区間 $[0, 100]$ で表したとき，どこで落としたかはまったく手がかりがないので，道の上の各点で財布を落とした確率は一様分布に従っていると仮定する．つまり，財布が落ちている場所を確率変数 X とすれば，その密度関数は

$$f(x) = \frac{1}{100} \quad (0 \leq x \leq 100)$$

で与えられる．このとき，財布が落ちている場所の期待値および分散を求めよ．

問題 4.16 問題 4.15 の状況から，何らかの情報により，財布は区間 $[60, 80]$ の間に確実に落ちていることがわかったとする．ただし，その区間内ではいまだどこに落ちているかは手がかりがなく，確率変数は一様分布に従っているものとする[7]．このとき，財布が落ちている場所の期待値および分散を求めよ．

4.2.2 正規分布 $N(\mu, \sigma^2)$

確率変数 X の密度関数が

$$f(x) = \frac{1}{\sqrt{2\pi}\sigma} \exp\left\{-\frac{(x-\mu)^2}{2\sigma^2}\right\} \quad (-\infty < x < \infty) \tag{4.9}$$

で与えられるとき，X は**正規分布**に従うといい，この正規分布を $N(\mu, \sigma^2)$ と表す．ここで，$-\infty < \mu < \infty$，$\sigma > 0$ である．変数変換 $y = \dfrac{x-\mu}{\sigma}$ とガウス積分[8]より，

$$\int_{-\infty}^{\infty} \exp\left\{-\frac{(x-\mu)^2}{2\sigma^2}\right\} dx = \sigma \int_{-\infty}^{\infty} \exp\left(-\frac{y^2}{2}\right) dy = \sqrt{2\pi}\sigma$$

となるので，(4.9) は密度関数の性質を満たす．また，同様の変数変換により，正規分布 $N(\mu, \sigma^2)$ に従う確率変数 X の期待値は

$$\begin{aligned}
E(X) &= \int_{-\infty}^{\infty} \frac{x}{\sqrt{2\pi}\sigma} \exp\left\{-\frac{(x-\mu)^2}{2\sigma^2}\right\} dx \\
&= \frac{1}{\sqrt{2\pi}} \int_{-\infty}^{\infty} (\sigma y + \mu) \exp\left(-\frac{y^2}{2}\right) dy \\
&= \mu
\end{aligned}$$

となる．ここで，X^2 の期待値は

$$\begin{aligned}
E(X^2) &= \int_{-\infty}^{\infty} \frac{x^2}{\sqrt{2\pi}\sigma} \exp\left\{-\frac{(x-\mu)^2}{2\sigma^2}\right\} dx \\
&= \frac{1}{\sqrt{2\pi}} \int_{-\infty}^{\infty} (\sigma^2 y^2 + 2\sigma\mu y + \mu^2) \exp\left(-\frac{y^2}{2}\right) dy \\
&= \sigma^2 + \mu^2
\end{aligned}$$

---

7) 先の状況とは密度関数が変わっていることに注意せよ．

8) $\displaystyle\int_{-\infty}^{\infty} e^{-ax^2} dx = \sqrt{\dfrac{\pi}{a}}$ （証明は省略する）．

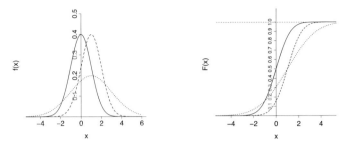

図 **4.8** 正規分布 $N(0,1)$ (実線), $N(1,1)$ (破線), $N(1,2)$ (点線) の密度関数 (左) とその累積分布関数 (右)

となることから, X の分散は (3.6) より

$$\mathrm{Var}(X) = \sigma^2 + \mu^2 - \mu^2 = \sigma^2$$

である. 図 4.8 (左) からもわかるように, 正規分布は期待値 μ (図では $\mu = 0, 1$) を基準として対称な分布となる.

特に, 期待値が 0, 分散が 1 の正規分布 $N(0,1)$ を**標準正規分布**とよぶ. 標準正規分布 $N(0,1)$ の密度関数は, 一般に φ という記号で表され,

$$\varphi(z) = \frac{1}{\sqrt{2\pi}} \exp\left(-\frac{z^2}{2}\right) \quad (-\infty < z < \infty)$$

と書ける. ここで, X を正規分布 $N(\mu, \sigma^2)$ に従う確率変数とし,

$$Z = \frac{X - \mu}{\sqrt{\sigma^2}} = \frac{X - \mu}{\sigma} \tag{4.10}$$

とすると, Z の密度関数は

$$f(\sigma z + \mu)\left\{\frac{d}{dz}(\sigma Z + \mu)\right\} = \frac{1}{\sqrt{2\pi}} \exp\left(-\frac{z^2}{2}\right) = \varphi(z)$$

となる (3.5.1 項参照). これは, 適当な正規分布に従う確率変数 X に対して (4.10) の変形を行うことで, 標準正規分布に従う確率変数 Z をつくることができることを意味する. (4.10) の変形のことを**標準化**または**規準化**という.

また, 任意の定数 $a\ (\neq 0), b$ に対して, $Y = aX + b$ とすると, Y が $N(a\mu + b, a^2\sigma^2)$ に従うことも同様に示すことができる. 特に, 標準正規分布 $N(0,1)$ に従う確率変数 Z に対して, $X = \sigma Z + \mu$ とすると, X は正規分布 $N(\mu, \sigma^2)$ に従う.

確率変数 X が正規分布 $N(\mu, \sigma^2)$ に従うとき, X に関する確率は, 標準化

した確率変数 $Z = \dfrac{X - \mu}{\sigma}$ を用いて

$$P(X \le x) = P\left(\frac{X - \mu}{\sigma} \le \frac{x - \mu}{\sigma}\right) = P\left(Z \le \frac{x - \mu}{\sigma}\right)$$

と表すことができ，Z は標準正規分布 $N(0,1)$ に従う確率変数となっている．つまり，適当な正規分布の確率は，標準正規分布の確率の計算に帰着できる．標準正規分布の累積分布関数を，記号 Φ を用いて

$$\Phi(z) = P(Z \le z) = \int_{-\infty}^{z} \varphi(t)\,dt$$

とおくと，$a > b$ に対して

$$P(X \le x) = \Phi\left(\frac{x - \mu}{\sigma}\right),$$

$$P(a < X < b) = P\left(\frac{a - \mu}{\sigma} < Z < \frac{b - \mu}{\sigma}\right) = \Phi\left(\frac{b - \mu}{\sigma}\right) - \Phi\left(\frac{a - \mu}{\sigma}\right)$$

が成り立つ．$\Phi(z)$ は，図 4.9 の上左図における網かけ部分の面積を表してい

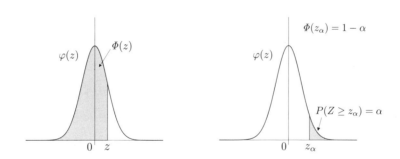

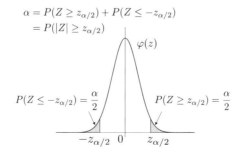

図 4.9　標準正規分布に関する確率

る. また, 標準正規分布の密度関数が y 軸に関して対称となることより, $z > 0$ に対して

$$\Phi(0) = \frac{1}{2},$$

$$\Phi(-z) = P(Z \leq -z) = P(Z \geq z) = 1 - \Phi(z)$$

となる.

$\Phi(z)$ の値は, z を与えることで付表 A より求めることができる. 逆に, α $(0 \leq \alpha \leq 1)$ を与えて,

$$\alpha = P(Z > z) = 1 - \Phi(z)$$

を満たす点 z を求めることもできる. このような点を $\boldsymbol{z_\alpha}$ と表し, **上側 $\boldsymbol{\alpha}$ 点** とよぶ (図 4.9 の上右図参照). さらに, 標準正規分布の対称性から

$$P(Z \leq -z_{\alpha/2}) = P(Z \geq z_{\alpha/2}) = \frac{\alpha}{2}$$

であるので, $\alpha = P\left(|Z| \geq z_{\alpha/2}\right)$ となる. α としてよく利用される数値は 0.025 や 0.05, 0.10 であるが, これらに対応する z_α の値は, $z_{0.025} = 1.960$, $z_{0.05} = 1.645$, $z_{0.10} = 1.282$ である.

例 **4.17** 次の問題を付表 A を用いて考える.

(1) 確率変数 X が正規分布 $N(2, 16)$ に従うとき, $P(0 < X < 4)$ を求める.

$$\begin{aligned}
P(0 < X \leq 4) &= \Phi\left(\frac{4-2}{\sqrt{16}}\right) - \Phi\left(\frac{0-2}{\sqrt{16}}\right) \\
&= \Phi(0.5) - \Phi(-0.5) \\
&= \Phi(0.5) - \{1 - \Phi(0.5)\} = 0.3830.
\end{aligned}$$

(2) 確率変数 X が正規分布 $N(2, 9)$ に従うとき, $P(X > c) = 0.025$ となる c を求める. ここで,

$$0.025 = P(X > c) = 1 - P(X \leq c) = 1 - \Phi\left(\frac{c-2}{\sqrt{9}}\right)$$

であるので, $\Phi\left(\dfrac{c-2}{3}\right) = 0.9750$ となる点を求めればよい. 付表より, $\dfrac{c-2}{3} = 1.96$ のとき上式を満たす. したがって, $c = 7.88$.

(3) 確率変数 X が正規分布 $N(\mu, 16)$ に従うとき, $P(X \leq 1) = 0.0505$

となる μ を求める.

$$0.0505 = P(X \leq 1) = \Phi\left(\frac{1-\mu}{\sqrt{16}}\right)$$

かつ

$$0.0505 = 1 - 0.9495 = 1 - \Phi(1.64) = \Phi(-1.64)$$

となるので, $\dfrac{1-\mu}{4} = -1.64$ となればよい. ゆえに, $\mu = 7.56$.

例 4.18　ある試験を実施したところ, 平均点が μ, 分散が σ^2 であった. 試験の点数が x のとき, y として

$$y = 10 \times \frac{x-\mu}{\sigma} + 50$$

と定義すると, この y は点数 x に対する**偏差値**を表す. X を正規分布 $N(\mu, \sigma^2)$ に従う確率変数とし, 偏差値が 60 以上となる確率を求める.

このとき, $Z = \dfrac{X-\mu}{\sigma}$ は標準正規分布 $N(0,1)$ に従うので, 偏差値 $Y = 10Z + 50$ は正規分布 $N(50, 10^2)$ に従う. したがって, 偏差値が 60 以上である確率は

$$P(Y \geq 60) = 1 - P(Y < 60) = 1 - \Phi\left(\frac{60-50}{10}\right) = 0.1587$$

となる. 同様にして, 偏差値が a 以上である確率は $1 - \Phi\left(\dfrac{a-50}{10}\right)$, a 以下である確率は $\Phi\left(\dfrac{a-50}{10}\right)$ で求めることができる.

問題 4.19　確率変数 X が正規分布 $N(\mu, 25)$ に従うとする. 必要に応じて付表 A を参考にし, 以下に答えよ.
(1) $\mu = 4$ のとき, $P(0 < X \leq 5.2)$, $P(|X| > 2)$ を求めよ.
(2) $\mu = 3$ のとき, $P(X \leq c) = 0.0505$ となる c を求めよ.
(3) $P(X > 10) = 0.0250$ を満たす μ を求めよ.

問題 4.20　200 点満点の試験を 10000 人が受験し, その結果は平均 110 点, 標準偏差 40 点の正規分布に従うとする. 必要に応じて付表 A を参考にし, 以下に答えよ.
(1) ある学生の点数が 100 点以上, 130 点以下である確率を求めよ.
(2) 点数が 90 点以下の学生は何人いるか.
(3) この試験で上位 2.5% に入るためには何点あればよいか.

　この正規分布から導かれる分布として, χ_n^2, t_n, $F_{m,n}$ という 3 つの分布[9]がある. $\boldsymbol{\chi_n^2}$ を自由度[10] n の**カイ二乗分布**, $\boldsymbol{t_n}$ を自由度 n の $\boldsymbol{t}$ **分布**, $\boldsymbol{F_{m,n}}$ を自由度 (m, n) の $\boldsymbol{F}$ **分布**とよぶ. 第 5 章において, 標本が従う分布 (**標本分布**という) を議論する際に重要な分布となる. これらの分布の密度関数は図 4.10 のような概形をとる. t 分布の密度関数は期待値が 0 の正規分布と同様に $x = 0$ を基準として左右対称な形となる. カイ二乗分布と F 分布については, 自由度に依存してその密度関数がとる形に違いが現れる.

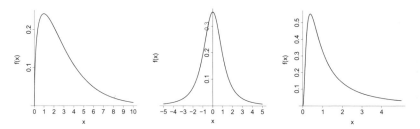

図 4.10　左: 自由度 3 のカイ二乗分布 χ_3^2, 中: 自由度 2 の t 分布 t_2, 右: 自由度 (8,2) の F 分布 $F_{8,2}$

　また, 任意の α $(0 \le \alpha \le 1)$ に対して, 自由度 n のカイ二乗分布の上側 α 点を $\boldsymbol{\chi_n^2(\alpha)}$, 自由度 n の t 分布の上側 α 点を $\boldsymbol{t_n(\alpha)}$, 自由度 (m, n) の F 分布の上側 α 点を $\boldsymbol{F_{m,n}(\alpha)}$ と表す (図 4.11). 各分布における上側 α 点は, 自由度と α を与えることで付表 B～D より求めることができる.

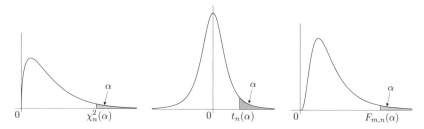

図 4.11　各標本分布の上側 α 点 (左: カイ二乗分布, 中: t 分布, 右: F 分布)

問題 4.21　付表 B より, 自由度 10 のカイ二乗分布について $\alpha = 0.025, 0.05, 0.975$ としたときの上側 α 点 $\chi_{10}^2(0.025)$, $\chi_{10}^2(0.05)$, $\chi_{10}^2(0.975)$ を求めよ.

---

9)　ここでは簡単な説明のみとし, 詳細は 4.5 節で解説する.

10)　自由度について, ここでは分布を特徴づけるパラメータのひとつと考えておけばよい.

問題 4.22 付表 C より, 自由度 10 の t 分布について $\alpha = 0.025, 0.05$ としたときの上側 α 点 $t_{10}(0.025), t_{10}(0.05)$ を求めよ.

問題 4.23 付表 D.1, D.2 より, 自由度 $(5,10)$ の F 分布について $\alpha = 0.025, 0.05, 0.975$ としたときの上側 α 点 $F_{5,10}(0.025), F_{5,10}(0.05), F_{5,10}(0.975)$ を求めよ[11].

4.2.3 対数正規分布 $LN(\mu, \sigma^2)$ **

μ, σ^2 は $-\infty < \mu < \infty$, $\sigma > 0$ を満たすとする. 正の値をとる確率変数 X の密度関数が

$$f(x) = \frac{1}{\sqrt{2\pi}\sigma x} \exp\left\{-\frac{(\log x - \mu)^2}{2\sigma^2}\right\} \quad (0 < x < \infty) \qquad (4.11)$$

で与えられるとき, この分布を**対数正規分布**とよび, $LN(\mu, \sigma^2)$ と表す. このとき, $Y = \log X$ とすると, Y の密度関数 $g(y)$ は $-\infty < y < \infty$ に対して

$$g(y) = f(x)\frac{dx}{dy} = f(e^y)\,e^y = \frac{1}{\sqrt{2\pi}\sigma} \exp\left\{-\frac{(y - \mu)^2}{2\sigma^2}\right\}$$

となるので, X の対数変換 $\log X$ は正規分布 $N(\mu, \sigma^2)$ に従うといえる. つまり, 対数正規分布は歪んだ分布 (図 4.12) であるが, その対数をとることで対称な分布 (正規分布) となる. また, 変数変換 $y = \log x$ により, (4.11) が密度関数の性質を満たすことを示すことができる. 同様の変数変換を用いて, 対数正規分布の期待値は

$$E(X) = \frac{1}{\sqrt{2\pi}\sigma} \int_{-\infty}^{\infty} \exp(y) \exp\left\{-\frac{(y - \mu)^2}{2\sigma^2}\right\} dy$$

$$= \frac{1}{\sqrt{2\pi}\sigma} \int_{-\infty}^{\infty} \exp\left[-\frac{\{y - (\mu + \sigma^2)\}^2}{2\sigma^2} + \mu + \frac{\sigma^2}{2}\right] dy$$

$$= \exp\left(\mu + \frac{\sigma^2}{2}\right)$$

となり,

---

11) $F_{m,n}(\alpha) = \dfrac{1}{F_{n,m}(1-\alpha)}$ が成り立つ (4.5.3 項参照).

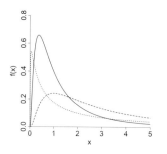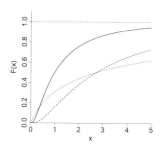

図 4.12　対数正規分布 $LN(0,1)$ (実線), $LN(1,1)$ (破線), $LN(1,2)$ (点線) の密度関数 (左) とその累積分布関数 (右)

$$E(X^2) = \frac{1}{\sqrt{2\pi}\sigma} \int_{-\infty}^{\infty} \exp(2y) \exp\left\{-\frac{(y-\mu)^2}{2\sigma^2}\right\} dy = \exp\left\{2(\mu+\sigma^2)\right\}$$

であることから, X の分散は (3.6) より

$$\mathrm{Var}(X) = \exp\left\{2(\mu+\sigma^2)\right\} - \left\{\exp\left(\mu+\frac{\sigma^2}{2}\right)\right\}^2$$

$$= \exp(2\mu+\sigma^2)\left\{\exp(\sigma^2)-1\right\}$$

となる. 対数正規分布でよく表される例としては, 所得や株価, 物質の濃度などがあげられる.

4.2.4　指数分布 $E_X(\lambda)$ *

　4.1.3 項では, 単位時間に平均して $\lambda\ (>0)$ 回起きる事象について, 単位時間当たりに対象の事象が起きる回数を表す分布としてポアソン分布 $P_o(\lambda)$ を紹介したが, 同様の事象について, 初めて起こるまでの時間に焦点をあてる. つまり, $\frac{1}{\lambda}$ 単位時間当たりに 1 回起きる事象が, 1 回起きるまでの時間について考える. 事象が起きるまでの時間を X とすると, X のとりうる値は 0 以上である. また, ある $x\ (\geq 0)$ に対して, 時点 0 から時点 x までに事象が起きる回数を Y とすると, Y はポアソン分布 $P_o(\lambda x)$ に従うと考えられることから

$$P(X \leq x) = 1 - P(X > x) = 1 - P(Y=0) = 1 - e^{-\lambda x} \qquad (4.12)$$

となる. これは, X の累積分布関数である. (4.12) は連続で微分可能であるので, x について微分すると, 密度関数

$$f(x) = \lambda e^{-\lambda x} \quad (0 \leq x < \infty) \qquad (4.13)$$

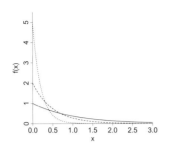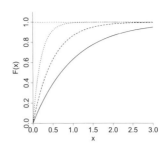

図 4.13　指数分布 $E_X(1)$ (実線), $E_X(2)$ (破線), $E_X(5)$ (点線) の密度関数 (左) とその累積分布関数 (右)

が得られる．このような分布を**指数分布**とよび，$E_X(\lambda)$ と表す．(4.13) について

$$\int_0^\infty f(x)\,dx = \lambda \int_0^\infty e^{-\lambda x}\,dx = -\frac{\lambda}{\lambda}(0-1) = 1$$

であり，密度関数の性質を満たすことがわかる．

　指数分布 $E_X(\lambda)$ に従う確率変数 X の期待値は，部分積分を用いて

$$E(X) = \lambda \int_0^\infty xe^{-\lambda x}\,dx = -\int_0^\infty x\left(e^{-\lambda x}\right)'\,dx = \frac{1}{\lambda}$$

となる．また，同様にして

$$E(X^2) = -\int_0^\infty x^2\left(e^{-\lambda x}\right)'\,dx = 2\int_0^\infty x\left(e^{-\lambda x}\right)'\,dx = \frac{2}{\lambda^2}$$

となるので，X の分散は (3.6) より

$$\mathrm{Var}(X) = \frac{2}{\lambda^2} - \left(\frac{1}{\lambda}\right)^2 = \frac{1}{\lambda^2}$$

となる．

　さて，X は正の値をとる確率変数で，生物の生存時間や機械の故障など，ある事象が起こるまでの時間を表すものとする．また，X の密度関数を $f(x)$ とする．このとき，ある $x\ (\geq 0)$ に対して，条件付き確率 $P(X < x+s|X > s)$ は，$s\ (\geq 0)$ が十分小さければ，時点 x までに死亡 (故障) しなかった個体が次の瞬間に死亡 (故障) する確率といえる．つまり，

$$\frac{P(X \leq x+s|X > x)}{s} = \frac{P(x < X \leq x+s)}{sP(X > x)}$$

$$= \frac{1}{1 - P(X \leq x)}\left(\frac{1}{s}\int_x^{x+s} f(t)\,dt\right)$$

$$\xrightarrow{s \to 0} \frac{f(x)}{1 - P(X \le x)} \equiv h(x)$$

となり，この $h(x)$ を**ハザード関数**または**故障率関数**とよび，瞬間的な死亡率や故障率を表すものと考えることができる．累積分布関数と密度関数の関係より，

$$h(x) = \frac{f(x)}{1 - P(X \le x)} = -\left[\log\{1 - P(X \le x)\}\right]'$$

であり，

$$1 - P(X \le x) = \exp\left\{ -\int_0^x h(t)\,dt \right\} \tag{4.14}$$

が成り立つので，ハザード関数が既知のとき累積分布関数を求めることができる．

確率変数 X が指数分布 $E_X(\lambda)$ に従う場合，ハザード関数が常に一定 $(h(x) = \lambda)$ となる．また，事象が起こるまでの時間が時点 x を超えたという条件の下で，事象が起こるまでの時間が時点 $x + s\ (s > 0)$ を超える確率は

$$P(X > x + s \mid X > x) = \frac{P(X > x + s)}{P(X > x)}$$

$$= \frac{e^{-\lambda(x+s)}}{e^{-\lambda x}} = e^{-\lambda s} = P(X > s)$$

となり，事象が起こるまでの時間が時点 s を超える確率に等しい．これは，指数分布も幾何分布と同じく**無記憶性**をもち，ある時点まで事象が起きていないという条件が，その後のどの時点で事象が起きるかに影響していないということを意味する．例えば，「100 時間使用した機械が次の 1 時間で故障する確率」と「使用しはじめたばかりの機械が 1 時間で故障する確率」が一致すると考えられる．

注意 4.24　上記では条件付き確率 $P(X > x + s \mid X > x)$ について述べたが，同条件の下で，時点 $x + s$ までに事象が起きる確率を求めると

$$P(X \le x + s \mid X > s) = P(X \le s)$$

となることがわかる．

> **例 4.25**　ある工場で使用している機械が故障するまでの時間は，平均して 500 時間であった．この機械が次に故障するまでの時間が 400 時間以内である確率を求める．

確率変数 X を次に故障するまでの時間，単位時間を 1 時間とすると，X

は指数分布 $E_X \left(\frac{1}{500} \right)$ に従うと考えられる. したがって, 求める確率は

$$P(X \leq 400) = \int_0^{400} \frac{1}{500} e^{-x} \, dx \approx 0.551$$

となる.

問題 4.26 あるお店には1日に60人の来客がある. また, このお店の1日の営業時間は12時間である. このとき, 次の来客までの間隔が12分以下である確率を指数分布を用いて求めよ. ただし, $e^{-1} = 0.3679$ としてよい.

4.2.5 ガンマ分布 $G_a(\alpha, \beta)$ **

$\alpha, \beta > 0$ とする. 密度関数が

$$f(x) = \frac{1}{\Gamma(\alpha)\beta^\alpha} x^{\alpha-1} e^{-\frac{x}{\beta}} \quad (0 < x < \infty) \tag{4.15}$$

で与えられる分布を**ガンマ分布**とよび, $\Gamma(\alpha, \beta)$ と表す. ここで, $\Gamma(\alpha)$ はガンマ関数

$$\Gamma(\alpha) = \int_0^\infty x^{\alpha-1} e^{-x} \, dx \quad (\alpha > 0)$$

である. 変数変換 $y = \frac{x}{\beta}$ より

$$\int_0^\infty x^{\alpha-1} e^{-\frac{x}{\beta}} \, dx = \beta^\alpha \int_0^\infty y^{\alpha-1} e^{-y} \, dy = \beta^\alpha \Gamma(\alpha)$$

となり, (4.15) が密度関数の性質を満たすことが示される. 同様の変数変換とガンマ関数の性質 (注意 4.27) より, その期待値は,

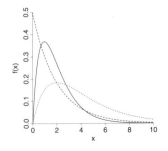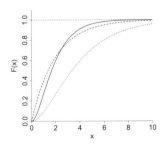

図 4.14 ガンマ分布 $G_a(2,1)$ (実線), $G_a(1,2)$ (破線), $G_a(2,2)$ (点線) の密度関数 (左) とその累積分布関数 (右)

$$E(X) = \frac{1}{\Gamma(\alpha)\beta^\alpha} \int_0^\infty x^\alpha e^{-\frac{x}{\beta}}\, dx = \frac{\Gamma(\alpha+1)\beta^{\alpha+1}}{\Gamma(\alpha)\beta^\alpha} = \alpha\beta$$

となる. また,

$$E(X^2) = \frac{1}{\Gamma(\alpha)\beta^\alpha} \int_0^\infty x^{\alpha+1} e^{-\frac{x}{\beta}}\, dx = \frac{\Gamma(\alpha+2)\beta^{\alpha+2}}{\Gamma(\alpha)\beta^\alpha} = (\alpha+1)\alpha\beta^2$$

となるので, 分散は (3.6) より

$$\mathrm{Var}(X) = (\alpha+1)\alpha\beta^2 - (\alpha\beta)^2 = \alpha\beta^2$$

である.

注意 4.27 ガンマ関数は以下の性質をもつ.
 (i) $\Gamma(1) = 1$, $\Gamma\left(\frac{1}{2}\right) = \sqrt{\pi}$,
(ii) 正の実数 s に対して $\Gamma(s+1) = s\Gamma(s)$,
(iii) 正の整数 n に対して $\Gamma(n+1) = n!$.

　例として, 単位時間に平均して $\lambda\,(>0)$ 回起きる事象について, この事象が n 回起こるまでの時間を考える. 事象が n 回起こるまでの時間を X とし, ある $x\,(\geq 0)$ について, 時点 0 から時点 x までに事象が起きる回数を Y とする. このとき, Y はポアソン分布 $P_o(\lambda x)$ に従うと考えられるので,

$$P(X \leq x) = 1 - P(X > x) = 1 - P(Y < n) = 1 - \sum_{i=0}^{n-1} e^{-\lambda x}\frac{(\lambda x)^i}{i!}$$

となる. これは X の累積分布関数であり, x で微分すると密度関数

$$f(x) = \frac{\lambda^n}{(n-1)!} x^{n-1} e^{-\lambda x} = \frac{\lambda^n}{\Gamma(n)} x^{n-1} e^{-\lambda x}$$

を得る. これは, $\alpha = n$, $\beta = \dfrac{1}{\lambda}$ としたときのガンマ分布の密度関数と一致しており, 単位時間に平均して λ 回起きる事象が n 回起こるまでの時間をガンマ分布 $G_a\left(n, \dfrac{1}{\lambda}\right)$ で表すことができることを示している. 特に, 指数分布 $E_X(\lambda)$ は, $n=1$ のときのガンマ分布 $G_a\left(1, \dfrac{1}{\lambda}\right)$ と同じである.

例 4.28 あるお店では, 1 時間に平均して 10 人の来客がある. 一人のお客が来てから, 次のお客が 5 人来るまでの時間が 20 分以上である確率を求める.
　確率変数 X をお客が 5 人来るまでにかかる時間, 単位時間を 1 時間とす

ると，X はガンマ分布 $G_a\left(5, \frac{1}{10}\right)$ に従うと考えられる．また，20 分を単位時間に換算すると $\frac{20}{60} = \frac{1}{3}$ であるので，求める確率は，部分積分を用いて

$$P\left(X \geq \frac{1}{3}\right) = \int_{1/3}^{\infty} \frac{10^5}{\Gamma(5)} x^4 e^{-10x} \, dx = \frac{10^5}{4!} \int_{1/3}^{\infty} x^4 e^{-10x} \, dx \approx 0.756$$

となる．

4.2.6 ベータ分布 $B_e(\alpha, \beta)$ **

確率変数 X が区間 $(0,1)$ 上の値をとり，密度関数が

$$f(x) = \frac{1}{B(\alpha, \beta)} x^{\alpha-1}(1-x)^{\beta-1} \quad (0 < x < 1) \tag{4.16}$$

で与えられるとき，X は**ベータ分布**[12]に従うといい，このベータ分布を $B_e(\alpha, \beta)$ と表す．ここで，$\alpha, \beta > 0$ であり，$B(\alpha, \beta)$ はベータ関数

$$B(\alpha, \beta) = \int_0^1 x^{\alpha-1}(1-x)^{\beta-1} \, dx$$

であり，ベータ関数とガンマ関数には

$$B(\alpha, \beta) = \frac{\Gamma(\alpha)\Gamma(\beta)}{\Gamma(\alpha + \beta)}$$

という関係がある．ベータ関数の定義より，(4.16) が密度関数の性質を満たすことは明らかである．また，図 4.15 からもわかるように，ベータ分布は α, β の値を変えることでさまざまな形状をとる．

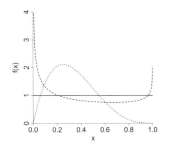
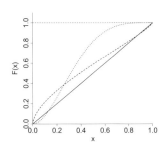

図 4.15 ベータ分布 $B_e(1,1)$ (実線)，$B_e(0.6, 0.8)$ (破線)，$B_e(2,4)$ (点線) の密度関数 (左) とその累積分布関数 (右)

---

12) ベータ分布は，ベイズ統計学において重要な役割を果たすことが知られている．詳細は，[12], [16] などを参照．

ベータ分布 $B_e(\alpha, \beta)$ に従う確率変数 X の期待値は，ベータ関数とガンマ関数の性質より

$$E(X) = \int_0^1 \frac{1}{B(\alpha, \beta)} x^\alpha (1-x)^{\beta-1} \, dx = \frac{B(\alpha+1, \beta)}{B(\alpha, \beta)} = \frac{\alpha}{\alpha+\beta}$$

となる．また，

$$E(X^2) = \int_0^1 \frac{1}{B(\alpha, \beta)} x^{\alpha+1} (1-x)^{\beta-1} \, dx$$

$$= \frac{B(\alpha+2, \beta)}{B(\alpha, \beta)} = \frac{\alpha(\alpha+1)}{(\alpha+\beta)(\alpha+\beta+1)}$$

であるので，X の分散は (3.6) より

$$\mathrm{Var}(X) = \frac{\alpha(\alpha+1)}{(\alpha+\beta)(\alpha+\beta+1)} - \left(\frac{\alpha}{\alpha+\beta}\right)^2 = \frac{\alpha\beta}{(\alpha+\beta)^2(\alpha+\beta+1)}$$

となる．

4.2.7　ワイブル分布 $W_e(\alpha, \beta)$ **

指数分布 $E_X(\lambda)$ は，ある事象が起こるまでの時間を表すことができる分布であるが，ハザード関数 $h(x)$ を常に一定としている．このハザード関数は事象の (ある種の) 発生率を表しているが，死亡率や機械の故障率など，時間の経過とともに発生率が上昇すると考えられる事象も存在する．そこで，事象の発生率の時間経過にともなう変化に対応するために，$x > 0$ に対し，

$$h(x) = \frac{\beta}{\alpha} \left(\frac{x}{\alpha}\right)^{\beta-1}$$

と仮定する．ただし，$\alpha, \beta > 0$ である．ここで，(4.14) より累積分布関数を求めると，$x > 0$ に対して，

$$P(X \le x) = \exp\left\{ -\int_0^x \frac{\beta}{\alpha} \left(\frac{t}{\alpha}\right)^{\beta-1} dt \right\} = 1 - \exp\left\{ -\left(\frac{x}{\alpha}\right)^\beta \right\}$$

となる．累積分布関数を x について微分することにより，密度関数が

$$f(x) = \frac{\beta}{\alpha} \left(\frac{x}{\alpha}\right)^{\beta-1} \exp\left\{ -\left(\frac{x}{\alpha}\right)^\beta \right\} \quad (0 < x < \infty) \qquad (4.17)$$

で与えられる．このような分布を**ワイブル分布**とよび，$W_e(\alpha, \beta)$ と表す．累積分布関数と密度関数との関係より，(4.17) は密度関数の性質を満たすことがわかる．$\beta = 1$ のとき，ワイブル分布は指数分布 $E_X\left(\frac{1}{\alpha}\right)$ となる．

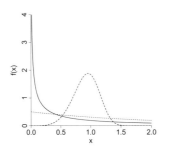 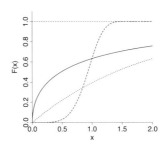

図 4.16　ワイブル分布 $W_e(1, 0.5)$ (実線), $W_e(1, 5)$ (破線), $W_e(2, 1)$ (点線) の密度関数 (左) とその累積分布関数 (右)

ワイブル分布 $W_e(\alpha, \beta)$ に従う確率変数 X の期待値は, 変数変換 $y = \left(\dfrac{x}{\alpha}\right)^{\beta}$ より

$$E(X) = \beta \int_0^{\infty} \left(\frac{x}{\alpha}\right)^{\beta} \exp\left\{ -\left(\frac{x}{\alpha}\right)^{\beta} \right\} dx$$

$$= \alpha \int_0^{\infty} y^{\left(1 + \frac{1}{\beta}\right) - 1} e^{-y}\, dy = \alpha \Gamma\left(\frac{\beta + 1}{\beta}\right)$$

となる. 同様にして

$$E(X^2) = \beta \int_0^{\infty} x \left(\frac{x}{\alpha}\right)^{\beta} \exp\left\{ -\left(\frac{x}{\alpha}\right)^{\beta} \right\} dx$$

$$= \alpha^2 \int_0^{\infty} y^{\left(1 + \frac{2}{\beta}\right) - 1} e^{-y}\, dy = \alpha^2 \Gamma\left(\frac{\beta + 2}{\beta}\right)$$

となるので, X の分散は (3.6) より

$$\mathrm{Var}(X) = \alpha^2 \Gamma\left(\frac{\beta + 2}{\beta}\right) - \left\{ \alpha \Gamma\left(\frac{\beta + 1}{\beta}\right) \right\}^2$$

$$= \alpha^2 \left[\Gamma\left(\frac{\beta + 2}{\beta}\right) - \left\{ \Gamma\left(\frac{\beta + 1}{\beta}\right) \right\}^2 \right]$$

である.

4.2.8　コーシー分布 $C(\alpha, \beta)$ **

確率変数 X の密度関数が

$$f(x) = \frac{1}{\pi} \frac{\beta}{(x - \alpha)^2 + \beta^2} \quad (-\infty < x < \infty) \tag{4.18}$$

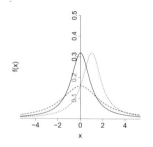 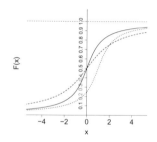

図 4.17　コーシー分布 $C(0,1)$ (実線), $C(0,2)$ (破線), $C(1,1)$ (点線) の密度関数 (左) とその累積分布関数 (右)

で与えられる分布を**コーシー分布**とよび, $C(\alpha, \beta)$ と表す. ここで, $-\infty < \alpha < \infty, \beta > 0$ である. $x - \alpha = \beta \tan \theta$ とおいて置換積分をすると

$$\int_{-\infty}^{\infty} f(x)\, dx = \frac{1}{\pi} \int_{-\pi/2}^{\pi/2} \frac{\beta}{\beta^2 (\tan^2 \theta + 1)} \frac{\beta}{\cos^2 \theta}\, d\theta$$

$$= \frac{1}{\pi} \int_{-\pi/2}^{\pi/2} d\theta = 1$$

となるので, (4.18) は密度関数の性質を満たす. 図 4.17 からわかるように, コーシー分布は小さい (大きい) 値をとる確率がなかなか 0 に近づかない分布であり, 正規分布ではとらえられない起きにくい現象まで考慮して表現するために用いられることがある. また,

$$\int_{-\infty}^{\infty} x f(x)\, dx = \frac{\beta}{2\pi} \int_{-\infty}^{\infty} \left\{ \frac{2(x - \alpha)}{(x - \alpha)^2 + \beta^2} + \frac{2\alpha}{(x - \alpha)^2 + \beta^2} \right\} dx = \infty$$

であるので, コーシー分布の期待値は存在しない. 同様にして, 分散も存在しないことがわかる.

4.3　多変量確率分布

4.3.1　多項分布 $M(n; p_1, \ldots, p_K)$ **

　箱の中に 10 枚のくじがあり, 1 枚が 1 等, 3 枚が 2 等, 6 枚が 3 等であるとする. このとき, 箱の中から 1 等を引く確率は $\frac{1}{10}$, 2 等を引く確率は $\frac{3}{10}$, 3 等を引く確率は $\frac{6}{10}$ である. 箱の中からくじを引いて戻してを 5 回繰り返し, 1 等が出た回数を X_1 回, 2 等が出た回数を X_2 回, 3 等が出た回数を X_3 回とする. このとき, X_1, X_2, X_3 に関する同時確率関数が

$$P(X_1 = x_1, X_2 = x_2, X_3 = x_3) = \frac{5!}{x_1!x_2!x_3!}\left(\frac{1}{10}\right)^{x_1}\left(\frac{3}{10}\right)^{x_2}\left(\frac{6}{10}\right)^{x_3}$$

$$(x_1, x_2, x_3 = 0, 1, \ldots, 5;\ x_1 + x_2 + x_3 = 5)$$

で与えられる.

一般に K 個の事象 $A_1, \ldots, A_K$ のうちいずれかが起きる試行を考える. 事象 $A_i\ (i = 1, \ldots, K)$ が起きる確率を $p_i\ (> 0)$ とし, $p_1 + \cdots + p_K = 1$ を満たすものとする. この試行を独立に n 回繰り返し, 事象 A_i が起きた回数を X_i とすると, $X_1, \ldots, X_K$ の同時確率関数は

$$P(X_1 = x_1, \ldots, X_K = x_K) = \frac{n!}{x_1! \cdots x_K!} p_1^{x_1} \cdots p_K^{x_K} \tag{4.19}$$

$$(x_1, \ldots, x_K = 0, 1, \ldots, n;\ x_1 + \cdots + x_K = n)$$

で与えられる. このような確率分布を**多項分布**とよび, $M(n; p_1, \ldots, p_K)$ と表す. $K = 3$ のとき三項分布, $K = 4$ のとき四項分布ともよぶ. 多項定理[13] より, (4.19) が同時確率関数の性質を満たすことを示すことができる. 確率変数 $X_i\ (i = 1, \ldots, K)$ のみに着目する場合は, A_i が起きた回数を x_i, A_i 以外が起きた回数を $n - x_i$ と考える. すると, X_i の周辺確率関数が

$$P(X_i = x_i) = \frac{n!}{x_i!(n - x_i)!} p_i^{x_i}(1 - p_i)^{n - x_i}$$

で与えられ, X_i は二項分布 $B_N(n, p_i)$ に従うことがわかる. 二項分布の性質より, X_i の期待値と分散はそれぞれ

$$E(X_i) = np_i, \quad \mathrm{Var}(X_i) = np_i(1 - p_i)$$

となる.

また, 確率変数 $X_i, X_j\ (i \neq j)$ に焦点をあてると, A_i が起きた回数を x_i, A_j が起きた回数を x_j, A_i と A_j 以外が起きた回数を $n - x_i - x_j$ とした三項分布に従うと考えることができる. したがって, $x_i - 1 = y_i$, $x_j - 1 = y_j$ とおくと

$$E(X_i X_j) = \sum_{\substack{x_i, x_j \geq 0 \\ x_i + x_j \leq n}} x_i x_j \frac{n!}{x_i!x_j!(n - x_i - x_j)!} p_i^{x_i} p_j^{x_j}(1 - p_i - p_j)^{n - x_i - x_j}$$

---

13) **多項定理**とは, 次が成り立つことをいう.

$$(x_1 + \cdots + x_m)^n = \sum_{\substack{p_1 + \cdots + p_m = n \\ 0 \leq p_1, \ldots, p_m \leq n}} \frac{n!}{p_1! \cdots p_m!} x_1^{p_1} \cdots x_m^{p_m}$$

$$= n(n-1)p_i p_j \sum_{\substack{y_i, y_j \geq 0 \\ y_i + y_j \leq n-2}} \left\{ \frac{(n-2)!}{y_i! y_j! \{(n-2) - y_i - y_j\}!} \right.$$

$$\left. \times p_i^{y_i} p_j^{y_j} (1 - p_i - p_j)^{(n-2) - y_i - y_j} \right\}$$

$$= n(n-1)p_i p_j$$

が得られ，X_i, X_j の共分散は

$$\mathrm{Cov}(X_i, X_j) = n(n-1)p_i p_j - (np_i)(np_j) = -np_i p_j$$

となる．さらに，$X_j = x_j$ という条件の下での X_i の条件付き確率関数は

$$P(X_i = x_i | X_j = x_j)$$

$$= \frac{\dfrac{n!}{x_i! x_j! (n - x_i - x_j)!} p_i^{x_i} p_j^{x_j} (1 - p_i - p_j)^{n - x_i - x_j}}{\dfrac{n!}{x_j! (n - x_j)!} p_j^{x_j} (1 - p_j)^{n - x_j}}$$

$$= \frac{(n - x_j)!}{x_i! \{(n - x_j) - x_i\}!} \left(\frac{p_i}{1 - p_j} \right)^{x_i} \left(1 - \frac{p_i}{1 - p_j} \right)^{(n - x_j) - x_i}$$

であり，X_i の条件付き確率分布は二項分布 $B_N\left(n - x_j, \dfrac{p_i}{1 - p_j}\right)$ となる．

4.3.2 ディリクレ分布 $Dir(\alpha_1, \ldots, \alpha_K)$ **

K 個の事象 $A_1, \ldots, A_K$ のうちいずれかが起きる試行を考え，事象 A_i ($i = 1, \ldots, K$) が起きる確率を X_i とする．また，事象 $A_1, \ldots, A_K$ がそれぞれ $\alpha_1 - 1, \ldots, \alpha_K - 1$ 回観測されたものとする．このとき，事象 A_i が起きる確率 X_i が x_i であることを表す同時密度関数が

$$f(x_1, \ldots, x_K) = \frac{\Gamma\left(\sum\limits_{i=1}^{K} \alpha_i\right)}{\Gamma(\alpha_1) \cdots \Gamma(\alpha_K)} x_1^{\alpha_1 - 1} \cdots x_K^{\alpha_K - 1} \qquad (4.20)$$

$$\left(x_1, \ldots, x_K \geq 0, \ \sum_{i=1}^{K} x_i = 1 \right)$$

で与えられるとき，$(X_1, \ldots, X_K)$ はディリクレ分布に従うといい，このディリクレ分布を $Dir(\alpha_1, \ldots, \alpha_K)$ と表す．$\boldsymbol{x} = (x_1, \ldots, x_K)$ とすると，ベータ関数の定義と性質，変数変換 $x_i = (1 - x_1 - \cdots - x_{i-1})y_i$ ($i = 1, \ldots, K-1$) より，

$$\frac{\Gamma(\alpha_1)\cdots\Gamma(\alpha_K)}{\Gamma\left(\sum\limits_{i=1}^{K}\alpha_i\right)} = \int_{\{\boldsymbol{x}\,:\,x_1,\ldots,x_K\geq 0,\ x_1+\cdots+x_K=1\}} x_1^{\alpha_1-1}\cdots x_K^{\alpha_K-1}\,d\boldsymbol{x} \tag{4.21}$$

が成り立つので，(4.20) は同時密度関数の性質を満たす．特に $K=2$ のとき，その同時密度関数は

$$f(x_1,x_2) = \frac{\Gamma(\alpha_1+\alpha_2)}{\Gamma(\alpha_1)\Gamma(\alpha_2)}x_1^{\alpha_1-1}x_2^{\alpha_2-1} \quad (x_1,x_2\geq 0,\ x_1+x_2=1)$$

となる．条件 $x_1+x_2=1$ より，この同時密度関数において $x_2=1-x_1$ と表すことができる．したがって，2 変量の同時密度関数は，1 変量の密度関数として

$$f(x_1) = \frac{\Gamma(\alpha_1+\alpha_2)}{\Gamma(\alpha_1)\Gamma(\alpha_2)}x_1^{\alpha_1-1}(1-x_1)^{\alpha_2-1} \quad (0\leq x_1\leq 1)$$

と書き換えることができる．これは，ベータ分布 $B_e(\alpha_1,\alpha_2)$ の密度関数と一致する．つまり，ディリクレ分布はベータ分布を多変量確率変数に対応する形で拡張した分布といえる．

　ここで，$\alpha_0=\sum\limits_{k=1}^{K}\alpha_k$ とおく．K 次元確率変数 $(X_1,\ldots,X_K)$ がディリクレ分布 $Dir(\alpha_1,\ldots,\alpha_K)$ に従うとき，(4.21) とガンマ関数の性質より，X_i $(i=1,\ldots,K)$ の期待値は

$$\begin{aligned}
E(X_i) &= \frac{\Gamma(\alpha_0)}{\Gamma(\alpha_1)\cdots\Gamma(\alpha_K)} \\
&\quad \times \int_{\{\boldsymbol{x}\,:\,x_1,\ldots,x_K\geq 0,\ x_1+\cdots+x_K=1\}} x_1^{\alpha_1-1}\cdots x_i^{\alpha}\cdots x_K^{\alpha_K-1}\,d\boldsymbol{x} \\
&= \frac{\Gamma(\alpha_0)}{\Gamma(\alpha_1)\cdots\Gamma(\alpha_K)}\frac{\Gamma(\alpha_1)\cdots\Gamma(\alpha_i+1)\cdots\Gamma(\alpha_K)}{\Gamma(\alpha_0+1)} \\
&= \frac{\alpha_i}{\alpha_0}
\end{aligned}$$

となる．また，確率変数の積 X_iX_j の期待値についても同様にして

$$E(X_iX_j) = \begin{cases} \dfrac{(\alpha_i+1)\alpha_i}{(\alpha_0+1)\alpha_0} & (i=j), \\[2ex] \dfrac{\alpha_i\alpha_j}{(\alpha_0+1)\alpha_0} & (i\neq j) \end{cases}$$

となることがわかる．したがって，$i\neq j$ のとき

$$\text{Var}(X_i) = \frac{(\alpha_i + 1)\alpha_i}{(\alpha_0 + 1)\alpha_0} - \left(\frac{\alpha_i}{\alpha_0}\right)^2 = \frac{\alpha_i(\alpha_0 - \alpha_i)}{(\alpha_0 + 1)\alpha_0^2},$$

$$\text{Cov}(X_i, X_j) = \frac{\alpha_i \alpha_j}{(\alpha_0 + 1)\alpha_0} - \left(\frac{\alpha_i}{\alpha_0}\right)\left(\frac{\alpha_j}{\alpha_0}\right) = -\frac{\alpha_i \alpha_j}{(\alpha_0 + 1)\alpha_0^2}$$

となる.

4.3.3 多変量正規分布 $N_p(\boldsymbol{\mu}, \boldsymbol{\Sigma})$ *

p 次元確率変数 $\boldsymbol{X} = (X_1, \ldots, X_p)^\top$ [14) の同時密度関数が

$$f(x_1, \ldots, x_p) = \frac{1}{(2\pi)^{\frac{p}{2}}\sqrt{|\boldsymbol{\Sigma}|}} \exp\left\{-\frac{1}{2}(\boldsymbol{x} - \boldsymbol{\mu})^\top \boldsymbol{\Sigma}^{-1}(\boldsymbol{x} - \boldsymbol{\mu})\right\} \quad (4.22)$$

$$(-\infty < x_i < \infty, \ i = 1, \ldots, p)$$

で与えられるとき, このような確率分布を **p 次元正規分布**とよび, $N_p(\boldsymbol{\mu}, \boldsymbol{\Sigma})$ と表す. ここで, p 次元ベクトル $\boldsymbol{\mu} = (\mu_1, \ldots, \mu_p)^\top$ は $-\infty < \mu_i < \infty$ ($i = 1, \ldots, p$) を満たし, $\boldsymbol{\Sigma} = (\sigma_{ij})$ は $p \times p$ の正定値対称行列である. また, $|\boldsymbol{\Sigma}|$ は行列 $\boldsymbol{\Sigma}$ の行列式を表す. 変数変換 $\boldsymbol{y} = \boldsymbol{\Sigma}^{-\frac{1}{2}}(\boldsymbol{x} - \boldsymbol{\mu})$ とガウス積分[15) より

$$\int_{-\infty}^{\infty} \exp\left\{-\frac{1}{2}(\boldsymbol{x} - \boldsymbol{\mu})^\top \boldsymbol{\Sigma}^{-1}(\boldsymbol{x} - \boldsymbol{\mu})\right\} d\boldsymbol{x}$$

$$= \int_{-\infty}^{\infty} \exp\left(-\frac{1}{2}\boldsymbol{y}^\top \boldsymbol{y}\right) |\boldsymbol{\Sigma}|^{\frac{1}{2}} \, d\boldsymbol{y}$$

$$= |\boldsymbol{\Sigma}|^{\frac{1}{2}} \int_{-\infty}^{\infty} \prod_{i=1}^{p} \exp\left(-\frac{y_i^2}{2}\right) d\boldsymbol{y} = (2\pi)^{\frac{p}{2}} |\boldsymbol{\Sigma}|^{\frac{1}{2}}$$

となるので, (4.22) は同時密度関数の性質を満たす. 同様の変数変換により, $N_p(\boldsymbol{\mu}, \boldsymbol{\Sigma})$ に従う確率変数 $\boldsymbol{X}$ の期待値は

$$E(\boldsymbol{X}) = \int_{-\infty}^{\infty} \frac{\boldsymbol{x}}{(2\pi)^{\frac{p}{2}}\sqrt{|\boldsymbol{\Sigma}|}} \exp\left\{-\frac{1}{2}(\boldsymbol{x} - \boldsymbol{\mu})^\top \boldsymbol{\Sigma}^{-1}(\boldsymbol{x} - \boldsymbol{\mu})\right\} d\boldsymbol{x}$$

$$= \frac{1}{(2\pi)^{\frac{p}{2}}} \int_{-\infty}^{\infty} (\boldsymbol{\Sigma}^{\frac{1}{2}}\boldsymbol{y} + \boldsymbol{\mu}) \prod_{i=1}^{p} \exp\left(-\frac{y_i^2}{2}\right) d\boldsymbol{y}$$

$$= \boldsymbol{\mu}$$

---

14) $\top$ はベクトルまたは行列の転置を意味する.

15) 4.2.2 項 脚注 8) 参照.

となる. つまり, 確率変数 X_i $(i = 1, \ldots, p)$ のみに着目すると, その期待値は $E(X_i) = \mu_i$ で与えられる. さらに,

$$E(\boldsymbol{X}\boldsymbol{X}^\top) = \frac{1}{(2\pi)^{\frac{p}{2}}} \int_{-\infty}^{\infty} (\boldsymbol{\Sigma}^{\frac{1}{2}}\boldsymbol{y} + \boldsymbol{\mu})(\boldsymbol{\Sigma}^{\frac{1}{2}}\boldsymbol{y} + \boldsymbol{\mu})^\top \prod_{i=1}^{p} \exp\left(-\frac{y_i^2}{2}\right) d\boldsymbol{y}$$

$$= \frac{1}{(2\pi)^{\frac{p}{2}}} \int_{-\infty}^{\infty} \left(\boldsymbol{\Sigma}^{\frac{1}{2}}\boldsymbol{y}\boldsymbol{y}^\top\boldsymbol{\Sigma}^{\frac{1}{2}} + \boldsymbol{\Sigma}^{\frac{1}{2}}\boldsymbol{y}\boldsymbol{\mu}^\top + \boldsymbol{\mu}\boldsymbol{y}^\top\boldsymbol{\Sigma}^{\frac{1}{2}} + \boldsymbol{\mu}\boldsymbol{\mu}^\top \right) \prod_{i=1}^{p} \exp\left(-\frac{y_i^2}{2}\right) d\boldsymbol{y}$$

$$= \frac{1}{(2\pi)^{\frac{p}{2}}} \boldsymbol{\Sigma}^{\frac{1}{2}} \left\{ \int_{-\infty}^{\infty} \boldsymbol{y}\boldsymbol{y}^\top \prod_{i=1}^{p} \exp\left(-\frac{y_i^2}{2}\right) d\boldsymbol{y} \right\} \boldsymbol{\Sigma}^{\frac{1}{2}} + \boldsymbol{\mu}\boldsymbol{\mu}^\top$$

$$= \frac{1}{(2\pi)^{\frac{p}{2}}} \boldsymbol{\Sigma}^{\frac{1}{2}} \left\{ (2\pi)^{\frac{p}{2}} \boldsymbol{I}_p \right\} \boldsymbol{\Sigma}^{\frac{1}{2}} + \boldsymbol{\mu}\boldsymbol{\mu}^\top$$

$$= \boldsymbol{\Sigma} + \boldsymbol{\mu}\boldsymbol{\mu}^\top \tag{4.23}$$

となる. ここで, $\boldsymbol{I}_p$ は p 次単位行列

$$\boldsymbol{I}_p = \begin{pmatrix} 1 & & 0 \\ & \ddots & \\ 0 & & 1 \end{pmatrix}$$

を表す. (4.23) より, 確率変数の積 $X_i X_j$ の期待値は

$$E(X_i X_j) = \sigma_{ij} + \mu_i \mu_j$$

となるので, $i \neq j$ のとき

$$\mathrm{Var}(X_i) = \sigma_{ii}, \quad \mathrm{Cov}(X_i, X_j) = \sigma_{ij}$$

となることがわかる. X_i と X_j の相関係数を ρ_{ij} で表すとすると, $\sigma_{ij} = \rho_{ij}\sqrt{\sigma_{ii}\sigma_{jj}}$ と書き換えることもできる.

4.2.2 項で紹介した 1 次元の標準正規分布に相当するのが **p 次元標準正規分布**であり, $\boldsymbol{\mu} = \boldsymbol{0}_p$, $\boldsymbol{\Sigma} = \boldsymbol{I}_p$ としたものである. $\boldsymbol{0}_p$ は p 次元零ベクトル $(0, \ldots, 0)^\top$ を表す. p 次元確率変数 $\boldsymbol{Z} = (Z_1, \ldots, Z_p)^\top$ が p 次元標準正規分布 $N_p(\boldsymbol{0}, \boldsymbol{I}_p)$ に従うとき, その同時密度関数は

$$f(z_1, \ldots, z_p) = \frac{1}{(2\pi)^{\frac{p}{2}}} \exp\left(-\frac{1}{2}\boldsymbol{z}^\top\boldsymbol{\Sigma}^{-1}\boldsymbol{z}\right)$$

$$= \prod_{i=1}^{p} \frac{1}{\sqrt{2\pi}} \exp\left(-\frac{z_i^2}{2}\right) \quad (-\infty < z_i < \infty, \ i = 1, \ldots, p)$$

となる. このとき, $Z_1, \ldots, Z_p$ はそれぞれ独立に標準正規分布 $N(0, 1)$ に従う. $\boldsymbol{X} = \boldsymbol{\Sigma}^{\frac{1}{2}} \boldsymbol{Z} + \boldsymbol{\mu}$ とすると, $\boldsymbol{X} = (X_1, \ldots, X_p)^\top$ の同時密度関数は

$$f\left\{\boldsymbol{\Sigma}^{-\frac{1}{2}}(\boldsymbol{x} - \boldsymbol{\mu})\right\}|\boldsymbol{\Sigma}|^{-\frac{1}{2}} = \frac{1}{(2\pi)^{\frac{p}{2}}\sqrt{|\boldsymbol{\Sigma}|}} \exp\left\{-\frac{1}{2}(\boldsymbol{x} - \boldsymbol{\mu})^\top \boldsymbol{\Sigma}^{-1}(\boldsymbol{x} - \boldsymbol{\mu})\right\}$$

となり (3.5.2 項参照), $\boldsymbol{X}$ は p 次元正規分布 $N_p(\boldsymbol{\mu}, \boldsymbol{\Sigma})$ に従う. 逆に, p 次元正規分布 $N_p(\boldsymbol{\mu}, \boldsymbol{\Sigma})$ に従う確率変数 $\boldsymbol{X}$ に対して

$$\boldsymbol{Z} = \boldsymbol{\Sigma}^{-\frac{1}{2}}(\boldsymbol{X} - \boldsymbol{\mu})$$

と変換すると, $\boldsymbol{Z}$ は p 次元標準正規分布に従うことがわかる. また, $\boldsymbol{A}$ を $p \times p$ の正則な定数行列, $\boldsymbol{b}$ を p 次元定数ベクトルとし, $\boldsymbol{Y} = \boldsymbol{AX} + \boldsymbol{b}$ とおくと, $\boldsymbol{Y}$ が p 次元正規分布 $N_p(\boldsymbol{A\mu} + \boldsymbol{b}, \boldsymbol{A\Sigma A}^\top)$ に従うことも同様に示される.

注意 4.29 $\boldsymbol{X}$ を p 次元確率変数, $\boldsymbol{\mu}$ を p 次元ベクトル, $\boldsymbol{\Sigma} = (\sigma_{ij})$ を $p \times p$ の正定値対称行列とする. このとき, 以下は同値となる (詳細は省略する).

(1) $\boldsymbol{X}$ は $N_p(\boldsymbol{\mu}, \boldsymbol{\Sigma})$ に従う.

(2) 任意の p 次元定数ベクトル $\boldsymbol{t}$ に対して, $\boldsymbol{t}^\top \boldsymbol{X}$ は $N\left(\boldsymbol{t}^\top \boldsymbol{\mu}, \boldsymbol{t}^\top \boldsymbol{\Sigma t}\right)$ に従う.

(3) 任意の $k \times p$ 定数行列 $\boldsymbol{A}$ と k 次元定数ベクトル $\boldsymbol{b}$ に対して, $\boldsymbol{AX} + \boldsymbol{b}$ は $N_k(\boldsymbol{A\mu} + \boldsymbol{b}, \boldsymbol{A\Sigma A}^\top)$ に従う.

一般に確率変数 $X_1, \ldots, X_p$ が互いに独立であるとき, 任意の i, j $(i \neq j)$ に対して X_i と X_j は無相関となるが, その逆は成り立たない. しかし, 確率変数 $\boldsymbol{X} = (X_1, \ldots, X_p)^\top$ が $N_p(\boldsymbol{\mu}, \boldsymbol{\Sigma})$ に従う場合はこの限りではない. $\boldsymbol{X}$ が $N_p(\boldsymbol{\mu}, \boldsymbol{\Sigma})$ に従い, 任意の i, j $(i \neq j)$ に対して X_i と X_j が無相関, つまり任意の i, j $(i \neq j)$ に対して $\rho_{ij} = 0$ であるとすると

$$\boldsymbol{\Sigma} = \begin{pmatrix} \sigma_{11} & & 0 \\ & \ddots & \\ 0 & & \sigma_{pp} \end{pmatrix}, \quad \boldsymbol{\Sigma}^{-1} = \begin{pmatrix} \frac{1}{\sigma_{11}} & & 0 \\ & \ddots & \\ 0 & & \frac{1}{\sigma_{pp}} \end{pmatrix}$$

となり, $\boldsymbol{X}$ の同時密度関数は

$$\begin{aligned} f(x_1, \ldots, x_p) &= \frac{1}{(2\pi)^{\frac{p}{2}}\sqrt{\sigma_{11} \cdots \sigma_{pp}}} \exp\left\{-\frac{1}{2}\sum_{i=1}^{p} \frac{(x_i - \mu_i)^2}{\sigma_{ii}}\right\} \\ &= \prod_{i=1}^{p} \frac{1}{\sqrt{2\pi\sigma_{ii}}} \exp\left\{-\frac{(x_i - \mu_i)^2}{2\sigma_{ii}}\right\} \\ &= \prod_{i=1}^{p} f_{X_i}(x_i) \end{aligned}$$

と変形できる. f_{X_i} は, 1 次元正規分布の密度関数であり, X_i の周辺密度関数となっている. 同時密度関数が周辺密度関数の積の形で表せることから, $X_1, \ldots, X_p$ は互いに独立であるといえる.

次に, 2 次元の場合について考える. 確率変数 (X, Y) が 2 次元正規分布 $N_2(\boldsymbol{\mu}, \boldsymbol{\Sigma})$ に従うとすると, その同時密度関数は

$$f(x, y) = \frac{1}{2\pi\sigma_1\sigma_2\sqrt{1-\rho^2}} \exp\left[-\frac{1}{2(1-\rho^2)} \left\{ \frac{(x-\mu_1)^2}{\sigma_1^2} \right.\right.$$
$$\left.\left. -2\rho\frac{(x-\mu_1)(y-\mu_2)}{\sigma_1\sigma_2} + \frac{(y-\mu_2)^2}{\sigma_2^2} \right\} \right]$$

で与えられる. ここで,

$$\boldsymbol{\mu} = \begin{pmatrix} \mu_1 \\ \mu_2 \end{pmatrix}, \quad \boldsymbol{\Sigma} = \begin{pmatrix} \sigma_{11} & \sigma_{12} \\ \sigma_{21} & \sigma_{22} \end{pmatrix} = \begin{pmatrix} \sigma_1^2 & \rho\sigma_1\sigma_2 \\ \rho\sigma_1\sigma_2 & \sigma_2^2 \end{pmatrix}$$

であり, μ_1, σ_1^2 はそれぞれ X の期待値と分散を表し, μ_2, σ_2^2 はそれぞれ Y の期待値と分散を表す. また, ρ は X と Y の相関係数である. (X, Y) の同時密度関数を

$$f(x, y) = \frac{1}{\sqrt{2\pi}\sigma_1} \exp\left\{ -\frac{(x-\mu_1)^2}{2\sigma_1^2} \right\}$$
$$\times \frac{1}{\sqrt{2\pi}\sigma_2\sqrt{1-\rho^2}} \exp\left[-\frac{1}{2\sigma_2^2(1-\rho^2)} \left\{ y - \left(\mu_2 + \rho\sigma_2\frac{x-\mu_1}{\sigma_1} \right) \right\}^2 \right]$$

と変形すると, 2 つの正規分布 $N(\mu_1, \sigma_1^2)$ と $N\left(\mu_2 + \rho\sigma_2\frac{x-\mu_1}{\sigma_1}, \sigma_2^2(1-\rho^2) \right)$ の密度関数の積となっていることがわかる. このことから, X の周辺密度関数

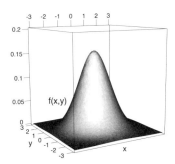

図 4.18 2 次元標準正規分布の同時密度関数

$f_X(x)$ は，$N(\mu_1, \sigma_1^2)$ の密度関数

$$f_X(x) = \frac{1}{\sqrt{2\pi}\sigma_1} \exp\left\{-\frac{(x-\mu_1)^2}{2\sigma_1^2}\right\}$$

となる．さらに，

$$\frac{f(x,y)}{f_X(x)} = \frac{1}{\sqrt{2\pi}\sigma_2\sqrt{1-\rho^2}}$$

$$\times \exp\left[-\frac{1}{2\sigma_2^2(1-\rho^2)}\left\{y - \left(\mu_2 + \rho\sigma_2\frac{x-\mu_1}{\sigma_1}\right)\right\}^2\right]$$

であるので，$X = x$ が与えられたときの Y の条件付き密度関数 $f_Y(y|x) = \dfrac{f(x,y)}{f_X(x)}$ は，$N\left(\mu_2 + \rho\sigma_2\dfrac{x-\mu_1}{\sigma_1}, \sigma_2^2(1-\rho^2)\right)$ の密度関数となっている．

4.4　確率変数と分布に関する数学的性質

4.4.1　再 生 性 *

　例えば，X と Y がそれぞれ独立にポアソン分布 $P_o(\lambda_1)$, $P_o(\lambda_2)$ に従うとき，2 つの確率変数の和 $U = X + Y$ はどのような確率分布に従うかを考える．例 3.34 と同様にして，U の確率関数は

$$P(U=u) = \sum_{v=0}^{u} f_X(v)f_Y(u-v) = \sum_{v=0}^{u}\left(e^{-\lambda_1}\frac{\lambda_1^v}{v!}\right)\left\{e^{-\lambda_2}\frac{\lambda_2^{u-v}}{(u-v)!}\right\}$$

$$= e^{-(\lambda_1+\lambda_2)}\frac{1}{u!}\sum_{v=0}^{u}\frac{u!}{v!(u-v)!}\lambda_1^v\lambda_2^{u-v}$$

で与えられる．二項定理より

$$\sum_{v=0}^{u}\frac{u!}{v!(u-v)!}\lambda_1^v\lambda_2^{u-v} = (\lambda_1+\lambda_2)^u$$

となるので，

$$P(U=u) = e^{-(\lambda_1+\lambda_2)}\frac{(\lambda_1+\lambda_2)^u}{u!}$$

となる．これは，ポアソン分布 $P_o(\lambda_1 + \lambda_2)$ の確率関数である．つまり，ポアソン分布に独立に従う 2 つの確率変数 X と Y の和 $X + Y$ はまたポアソン分布に従うといえる．このように，2 つの確率変数が独立に同じ確率分布に従うとき，確率変数の和もまた同じ確率分布に従うならば，この確率分布は**再生性**をもつという．

X と Y を独立な確率変数とし，$U = X + Y$ とする．このとき，再生性に関して以下が成り立つ．

- X と Y がそれぞれ二項分布 $B_N(m, p)$, $B_N(n, p)$ に従うとき，U は二項分布 $B_N(m + n, p)$ に従う．
- X と Y がそれぞれポアソン分布 $P_o(\lambda_1)$, $P_o(\lambda_2)$ に従うとき，U はポアソン分布 $P_o(\lambda_1 + \lambda_2)$ に従う．
- X と Y がそれぞれ負の二項分布 $NB_N(m, p)$, $NB_N(n, p)$ に従うとき，U は負の二項分布 $NB_N(m + n, p)$ に従う．
- X と Y がそれぞれ正規分布 $N(\mu_1, \sigma_1^2)$, $N(\mu_2, \sigma_2^2)$ に従うとき，U は正規分布 $N(\mu_1 + \mu_2, \sigma_1^2 + \sigma_2^2)$ に従う．
- X と Y がそれぞれガンマ分布 $G_a(\alpha_1, \beta)$, $G_a(\alpha_2, \beta)$ に従うとき，U はガンマ分布 $G_a(\alpha_1 + \alpha_2, \beta)$ に従う．

4.4.2 大数の法則と中心極限定理 **

ここでは，統計学や確率論において非常に重要な役割を果たす大数の法則と中心極限定理について紹介する．

$X_1, \ldots, X_n$ を互いに独立な確率変数とする．n が大きくなったときに，$\bar{X} = \dfrac{1}{n} \sum_{i=1}^{n} X_i$ がどのような挙動を示すのかを考えてみよう．

次の主張は大数の (弱) 法則とよばれ，$n \to \infty$ としたときの $\bar{X}$ の収束について述べている．

大数の (弱) 法則： n 個の確率変数 $X_1, \ldots, X_n$ は互いに独立で，平均 μ，分散 σ^2 の同一の分布に従うとする．このとき，任意の $\epsilon > 0$ に対して

$$\lim_{n \to \infty} P\left(|\bar{X} - \mu| < \epsilon\right) = 1 \tag{4.24}$$

が成り立つ．

この (4.24) が成り立つとき，$\bar{X}$ は μ に**確率収束**するといい，$\bar{X} \xrightarrow{P} \mu$ と表す．大数の (弱) 法則は，n を大きくすると $\bar{X}$ が確率分布の平均 μ に近づくことを意味している．

　例えば，各目の出る確率が等しいサイコロを n 回振り，その出た目を観測する試行について考えてみよう．i 回目にサイコロを振って出た目を X_i とすると，$X_1, \ldots, X_n$ は互いに独立で，その平均は 3.5 となる．ここで，$n = 1, 2, \ldots,$ 1000 の各場合におけるサイコロ振りの結果をコンピュータを用いたシミュレーションにより求め，$\bar{X}$ を計算すると，図 4.19 のような結果が得られる．この図より，n が大きくなると $\bar{X}$ が平均 3.5 に近づいている様子をみることができる．

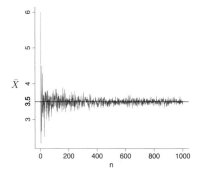

図 4.19　大数の (弱) 法則の例

　さて，大数の (弱) 法則とは，$\bar{X}$ がとる値に着目し，その値の収束について述べたものであった．それでは続いて，$\bar{X}$ が従う分布に焦点をあててみよう．次の中心極限定理とよばれる主張は，$n \to \infty$ としたときの $\bar{X}$ に関する分布の収束について述べたものである．

中心極限定理：　n 個の確率変数 $X_1, \ldots, X_n$ は互いに独立で，平均 μ，分散 σ^2 の同一の分布に従うとする．このとき

$$Z_n = \frac{\bar{X} - \mu}{\sqrt{\frac{\sigma^2}{n}}} = \frac{\sqrt{n}(\bar{X} - \mu)}{\sigma}$$

とし，$n \to \infty$ とすると，Z_n の分布は標準正規分布 $N(0, 1)$ に近づく．

　ここで，二項分布を例に考えてみよう．成功確率が p のベルヌーイ試行を n 回繰り返し，その結果を $X_1, \ldots, X_n$ とする．このとき，確率変数 $X_1, \ldots, X_n$ は互いに独立にベルヌーイ分布 $B_N(1, p)$ に従い，その平均は p，分散は $p(1-p)$ となる．ベルヌーイ分布に従う確率変数の和 $X = X_1 + \cdots + X_n \ (= n\bar{X})$ を考えると，確率変数 X は二項分布 $B_N(n, p)$ に従う．また，n が十分に大きいとき，中心極限定理より

$$\frac{\sqrt{n}(\bar{X} - p)}{\sqrt{p(1-p)}} = \frac{X - np}{\sqrt{np(1-p)}}$$

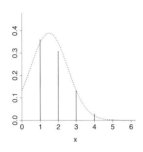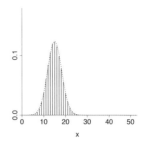

図 4.20 二項分布 $B_N(n, p)$ の確率関数 (縦線) と正規分布 $N(np, np(1-p))$ の密度関数 (点曲線) の重ね合わせ (左: $p = 0.3, n = 5$, 右: $p = 0.3, n = 50$)

は近似的に標準正規分布 $N(0, 1)$ に従う．したがって，n が十分に大きいとき二項分布は正規分布で近似でき，二項分布 $B_N(n, p)$ に従う確率変数 X が近似的に正規分布 $N(np, np(1-p))$ に従うと考えることができる．図 4.20 をみると，n が大きいとき，二項分布の確率関数のグラフとそれに対応する正規分布の密度関数のグラフが近い形をとることがわかる．

4.5 正規分布に関連する分布

ここでは正規分布から導かれる代表的な 3 つの分布を紹介する．4.2.2 項でも簡単にふれたが，標本が従う分布 (標本分布) を考える際に重要な分布である．

4.5.1 カイ二乗分布 χ_n^2 *

確率変数 X の密度関数が

$$f(x) = \frac{1}{2^{\frac{n}{2}} \Gamma(\frac{n}{2})} x^{\frac{n}{2}-1} \exp\left(-\frac{x}{2}\right) \quad (x > 0) \tag{4.25}$$

で与えられるとき，この確率分布を自由度 n の**カイ二乗分布**とよび，$\boldsymbol{\chi_n^2}$ と表す．ガンマ関数の定義より，(4.25) が密度関数の性質を満たすことがわかる．また，任意の α $(0 \leq \alpha \leq 1)$ に対して，自由度 n のカイ二乗分布の上側 α 点を $\boldsymbol{\chi_n^2(\alpha)}$ と書く (図 4.22)．

自由度 n のカイ二乗分布 χ_n^2 に従う確率変数 X の期待値は，部分積分を用いると

$$E(X) = \int_0^\infty \frac{1}{2^{\frac{n}{2}} \Gamma(\frac{n}{2})} x^{\frac{n}{2}} \exp\left(-\frac{x}{2}\right) dx = n$$

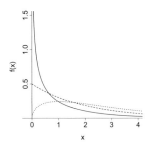
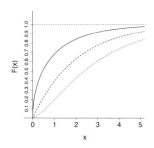

図 4.21 カイ二乗分布 χ_1^2 (実線), χ_2^2 (破線), χ_3^2 (点線) の密度関数 (左) と
その累積分布関数 (右)

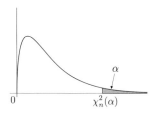
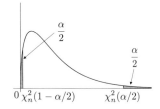

図 4.22 カイ二乗分布に関する確率

となる. また, 同様にして

$$E(X^2) = \int_0^\infty \frac{1}{2^{\frac{n}{2}}\Gamma(\frac{n}{2})} x^{\frac{n}{2}+1} \exp\left(-\frac{x}{2}\right) dx$$

$$= 2\left(\frac{n}{2}+1\right) \int_0^\infty \frac{1}{2^{\frac{n}{2}}\Gamma(\frac{n}{2})} x^{\frac{n}{2}} \exp\left(-\frac{x}{2}\right) dx = n^2 + 2n$$

であるので, X の分散は (3.6) より

$$\mathrm{Var}(X) = n^2 + 2n - n^2 = 2n$$

となる.

次に, X と Y をそれぞれ χ_m^2 と χ_n^2 に独立に従う確率変数とし, $U = X+Y$ が従う確率分布を考える. ベータ関数の性質と変数変換 $w = \dfrac{v}{u}$ より, 確率変数 U の密度関数 $g(u)$ は

$$g(u) = \int_0^\infty f_X(v) f_Y(u-v)\, dv$$

$$= \frac{1}{2^{\frac{m+n}{2}}\Gamma(\frac{m}{2})\Gamma(\frac{n}{2})} \exp\left(-\frac{u}{2}\right) \int_0^\infty v^{\frac{m}{2}-1}(u-v)^{\frac{n}{2}-1}\, dv$$

$$= \frac{1}{2^{\frac{m+n}{2}}\Gamma(\frac{m+n}{2})B(\frac{m}{2},\frac{n}{2})} u^{\frac{m+n}{2}-1} \exp\left(-\frac{u}{2}\right) \int_0^\infty w^{\frac{m}{2}-1}(1-w)^{\frac{n}{2}-1}\,dw$$

$$= \frac{1}{2^{\frac{m+n}{2}}\Gamma(\frac{m+n}{2})} u^{\frac{m+n}{2}-1} \exp\left(-\frac{u}{2}\right)$$

となり，自由度 $m+n$ のカイ二乗分布 χ^2_{m+n} の密度関数となる．このことから，カイ二乗分布は再生性をもつ確率分布であることがわかる

確率変数 X は標準正規分布 $N(0,1)$ に従うものとし，$Y=X^2$ とする．このとき，Y が区間 (a,b) をとる確率は

$$P(a<Y<b) = P(\sqrt{a}<X<\sqrt{b}) + P(-\sqrt{b}<X<-\sqrt{a})$$

$$= \int_{\sqrt{a}}^{\sqrt{b}} f(x)\,dx + \int_{-\sqrt{b}}^{-\sqrt{a}} f(x)\,dx$$

と書ける．ここで，$f(x)$ は X の密度関数を表す．第 1 項について $x=\sqrt{y}$，第 2 項について $x=-\sqrt{y}$ と変換すると

$$P(a<Y<b) = \int_a^b f\left(\sqrt{y}\right)\frac{1}{2\sqrt{y}}\,dy + \int_b^a f\left(-\sqrt{y}\right)\left(-\frac{1}{2\sqrt{y}}\right)dy$$

$$= \int_a^b \frac{1}{2\sqrt{y}}\{f\left(\sqrt{y}\right)+f\left(-\sqrt{y}\right)\}\,dy$$

となるので，確率変数 Y の密度関数 $g(y)$ は

$$g(y) = \frac{1}{2\sqrt{y}}\{f\left(\sqrt{y}\right)+f\left(-\sqrt{y}\right)\} = \frac{1}{\sqrt{2\pi}} y^{-\frac{1}{2}} \exp\left(-\frac{y}{2}\right)$$

となる．ガンマ関数の性質 $\Gamma(\frac{1}{2})=\sqrt{\pi}$ より

$$g(y) = \frac{1}{2^{\frac{1}{2}}\Gamma(\frac{1}{2})} y^{\frac{1}{2}-1} \exp\left(-\frac{y}{2}\right)$$

と書き直すことができ，自由度 1 のカイ二乗分布 χ^2_1 の密度関数と一致する．これは，"X が $N(0,1)$ に従うとき，X^2 が χ^2_1 に従う" ことを意味する．また，カイ二乗分布の再生性より，$X_1,\ldots,X_n$ がそれぞれ独立に $N(0,1)$ に従うとき，$X_1^2+\cdots+X_n^2$ は自由度 n のカイ二乗分布 χ^2_n に従うことがわかる．

確率変数 $X_1,\ldots,X_n$ が独立に正規分布 $N(\mu,\sigma^2)$ に従うとする．このとき，カイ二乗分布に関して以下の性質が成り立つ (証明は省略する)．

- 標本平均 $\bar{X} = \dfrac{1}{n} \sum_{i=1}^{n} X_i$ と不偏分散 $U^2 = \dfrac{1}{n-1} \sum_{i=1}^{n} (X_i - \bar{X})^2$ は独立である.

- $\dfrac{1}{\sigma^2} \sum_{i=1}^{n} (X_i - \bar{X})^2$ は自由度 $n-1$ のカイ二乗分布 χ_{n-1}^2 に従う.

4.5.2 t 分布 t_n *

確率変数 X の密度関数が

$$f(x) = \frac{\Gamma(\frac{n+1}{2})}{\sqrt{n\pi}\,\Gamma(\frac{n}{2})} \left(\frac{x^2}{n} + 1\right)^{-\frac{n+1}{2}} \quad (-\infty < x < \infty) \qquad (4.26)$$

で与えられる確率分布を自由度 n の **t 分布** とよび, **t_n** と表す. ガンマ関数とベータ関数の性質および変数変換 $y = \left(\dfrac{x^2}{n} + 1\right)^{-1}$ より,

$$\int_{-\infty}^{\infty} f(x)\,dx = \int_{-\infty}^{0} f(x)\,dx + \int_{0}^{\infty} f(x)\,dx$$

$$= \frac{1}{\sqrt{n}\,B(\frac{n}{2}, \frac{1}{2})} \left\{ \int_{0}^{1} y^{\frac{n+1}{2}} \frac{n}{2y^2 \sqrt{\frac{n(1-y)}{y}}}\,dy + \int_{1}^{0} y^{\frac{n+1}{2}} \left(-\frac{n}{2y^2 \sqrt{\frac{n(1-y)}{y}}}\right) dy \right\}$$

$$= \frac{1}{B(\frac{n}{2}, \frac{1}{2})} \int_{0}^{1} y^{\frac{n}{2}-1} (1-y)^{\frac{1}{2}-1}\,dy = 1 \qquad (4.27)$$

となり, (4.26) が密度関数の性質を満たすことがわかる. また, 任意の α ($0 \le \alpha \le 1$) に対して, 自由度 n の t 分布の上側 α 点を **$t_n(\alpha)$** と書く (図 4.24).

自由度 $n\,(>1)$ の t 分布 t_n に従う確率変数 X の期待値は, (4.27) と同様にして

$$E(X) = \int_{-\infty}^{0} x f(x)\,dx + \int_{0}^{\infty} x f(x)\,dx = 0$$

となる. また, $n > 2$ のとき

$$E(X^2) = \int_{-\infty}^{0} x^2 f(x)\,dx + \int_{0}^{\infty} x^2 f(x)\,dx$$

$$= \frac{n}{B\left(\frac{n}{2}, \frac{1}{2}\right)} \int_0^1 y^{\frac{n-2}{2}-1} (1-y)^{\frac{3}{2}-1} \, dy$$

$$= n \frac{B\left(\frac{n-2}{2}, \frac{3}{2}\right)}{B\left(\frac{n}{2}, \frac{1}{2}\right)} = n \frac{\Gamma\left(\frac{n-2}{2}\right) \frac{1}{2} \Gamma\left(\frac{1}{2}\right)}{\frac{n-2}{2} \Gamma\left(\frac{n-2}{2}\right) \Gamma\left(\frac{1}{2}\right)} = \frac{n}{n-2}$$

であるので，X の分散は (3.6) より

$$\mathrm{Var}(X) = \frac{n}{n-2} - 0^2 = \frac{n}{n-2}$$

となる．自由度 $n = 1$ のとき，t 分布はコーシー分布 $C(0, 1)$ に等しくなり，期待値と分散は存在しない．

　次に，X と Y は独立な確率変数で，X は標準正規分布 $N(0, 1)$ に従い，Y は自由度 n のカイ二乗分布 χ_n^2 に従うものとする．このとき，(X, Y) の同時密度関数 $f(x, y)$ は，X の密度関数 $f_X(x)$ と Y の密度関数 $f_Y(y)$ を用いて

$$f(x, y) = f_X(x) f_Y(y)$$

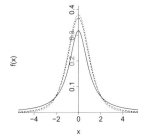
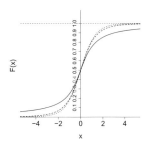

図 4.23　t 分布 t_1（実線），t_3（破線），t_5（点線）の密度関数（左）とその累積分布関数（右）

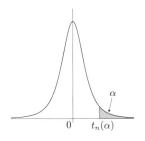
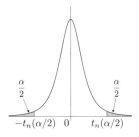

図 4.24　t 分布に関する確率

と表される. $T = \dfrac{X}{\sqrt{Y/n}}$ $\left(t = \dfrac{x}{\sqrt{y/n}}\right)$ とし，確率変数 T の密度関数を求め

る. $U = Y$ $(u = y)$ とすると，$X = T\sqrt{\dfrac{U}{n}}$ $\left(x = t\sqrt{\dfrac{u}{n}}\right)$, $Y = U$ $(y = u)$

となるので，ヤコビアンが

$$J = \begin{vmatrix} \sqrt{\dfrac{u}{n}} & \dfrac{t}{2n\sqrt{u/n}} \\ 0 & 1 \end{vmatrix} = \sqrt{\dfrac{u}{n}}$$

となり，(T, U) の同時密度関数 $g(t, u)$ は

$$g(t, u) = f_X\left(t\sqrt{\dfrac{u}{n}}\right) f_Y(u) \left|\sqrt{\dfrac{u}{n}}\right|$$

$$= \frac{1}{\sqrt{n\pi}\, 2^{\frac{n+1}{2}} \Gamma(\frac{n}{2})} u^{\frac{n+1}{2}-1} \exp\left\{-\frac{u(t^2/n + 1)}{2}\right\}$$

で与えられる. T の密度関数 $g_T(t)$ はこの同時密度関数の周辺密度関数として

求めることができ，$v = \dfrac{u(t^2/n + 1)}{2}$ と変換することにより

$$g_T(t) = \frac{1}{\sqrt{n\pi}\, 2^{\frac{n+1}{2}} \Gamma(\frac{n}{2})} \int_0^\infty u^{\frac{n+1}{2}-1} \exp\left\{-\frac{u(t^2/n + 1)}{2}\right\} du$$

$$= \frac{1}{\sqrt{n\pi}\, 2^{\frac{n+1}{2}} \Gamma(\frac{n}{2})} \left(\frac{2}{t^2/n + 1}\right)^{\frac{n+1}{2}} \int_0^\infty v^{\frac{n+1}{2}-1} e^{-v}\, dv$$

$$= \frac{\Gamma(\frac{n+1}{2})}{\sqrt{n\pi}\, \Gamma(\frac{n}{2})} \left(\frac{t^2}{n} + 1\right)^{-\frac{n+1}{2}}$$

となる. このことから，T の密度関数が，自由度 n の t 分布 t_n の密度関数と

一致することがわかる. これは，それぞれ $N(0, 1)$ と χ_n^2 に従う独立な確率変

数 X と Y に対して，$T = \dfrac{X}{\sqrt{Y/n}}$ とすると，T が t_n に従うことを意味して

いる.

確率変数 $X_1, \ldots, X_n$ がそれぞれ独立に正規分布 $N(\mu, \sigma^2)$ に従うとす

る. このとき，標本平均 $\bar{X}$ は正規分布 $N\left(\mu, \dfrac{\sigma^2}{n}\right)$ に従うので，標準化

より $\dfrac{\sqrt{n}(\bar{X}-\mu)}{\sigma}$ は標準正規分布 $N(0,1)$ に従う．また，カイ二乗分布

の性質より $\dfrac{1}{\sigma^2}\sum\limits_{i=1}^{n}(X_i-\bar{X})^2$ は自由度 $n-1$ のカイ二乗分布 χ^2_{n-1} に従

う．このとき

$$\frac{\dfrac{\sqrt{n}(\bar{X}-\mu)}{\sigma}}{\sqrt{\dfrac{1}{\sigma^2}\sum\limits_{i=1}^{n}(X_i-\bar{X})^2\Big/(n-1)}}=\frac{\sqrt{n}(\bar{X}-\mu)}{\sqrt{U^2}}$$

となり，分母と分子は独立である (4.5.1 項のカイ二乗分布に関する性質)．

したがって，t 分布の性質より $\dfrac{\sqrt{n}(\bar{X}-\mu)}{\sqrt{U^2}}$ が自由度 $n-1$ の t 分布

t_{n-1} に従うことがわかる．

4.5.3　F 分布 $F_{m,n}$ *

密度関数が

$$f(x)=\frac{\Gamma(\frac{m+n}{2})}{\Gamma(\frac{m}{2})\Gamma(\frac{n}{2})}\left(\frac{m}{n}\right)^{\frac{m}{2}}x^{\frac{m}{2}-1}\left(\frac{m}{n}x+1\right)^{-\frac{m+n}{2}}\quad(x>0)\qquad(4.28)$$

で与えられる確率分布を自由度 (m,n) の **F 分布**とよび，**$F_{m,n}$** と表す．ガン

マ関数の性質および変数変換 $y=x\left(x+\dfrac{n}{m}\right)^{-1}$ より，

$$\int_0^\infty x^{\frac{m}{2}-1}\left(\frac{m}{n}x+1\right)^{-\frac{m+n}{2}}dx=\left(\frac{n}{m}\right)^{\frac{m}{2}}\int_0^1 y^{\frac{m}{2}-1}(1-y)^{\frac{n}{2}-1}dy$$

$$=\left(\frac{m}{n}\right)^{-\frac{m}{2}}B\left(\frac{m}{2},\frac{n}{2}\right)$$

$$=\left(\frac{m}{n}\right)^{-\frac{m}{2}}\frac{\Gamma(\frac{m}{2})\Gamma(\frac{n}{2})}{\Gamma(\frac{m+n}{2})}\qquad(4.29)$$

となるので，(4.28) は密度関数の性質を満たす．また，任意の α $(0\leq\alpha\leq1)$

に対して，自由度 (m,n) の F 分布の上側 α 点を **$F_{m,n}(\alpha)$** と表す (図 4.26)．

$n>2$ に対して，自由度 (m,n) の F 分布 $F_{m,n}$ に従う確率変数 X の期待

値は，(4.29) と同様にして

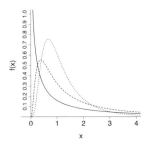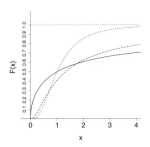

図 4.25　F 分布 $F_{1,1}$ (実線), $F_{8,2}$ (破線), $F_{10,10}$ (点線) の密度関数 (左) と
その累積分布関数 (右)

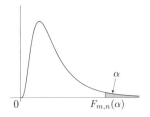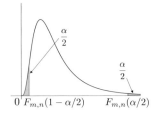

図 4.26　F 分布に関する確率

$$E(X) = \frac{\Gamma(\frac{m+n}{2})}{\Gamma(\frac{m}{2})\Gamma(\frac{n}{2})} \left(\frac{m}{n}\right)^{\frac{m}{2}} \int_0^\infty x^{\frac{m}{2}} \left(\frac{m}{n}x + 1\right)^{-\frac{m+n}{2}} dx$$

$$= \frac{\Gamma(\frac{m+n}{2})}{\Gamma(\frac{m}{2})\Gamma(\frac{n}{2})} \left(\frac{m}{n}\right)^{\frac{m}{2}} \left(\frac{m}{n}\right)^{-(\frac{m}{2}+1)} \frac{\Gamma(\frac{m}{2}+1)\Gamma(\frac{n}{2}-1)}{\Gamma(\frac{m+n}{2})}$$

$$= \frac{n}{m} \frac{\Gamma(\frac{m}{2}+1)}{\Gamma(\frac{m}{2})} \frac{\Gamma(\frac{n}{2}-1)}{\Gamma(\frac{n}{2})} = \frac{n}{n-2}$$

となる. また, $n > 4$ のとき

$$E(X^2) = = \frac{\Gamma(\frac{m+n}{2})}{\Gamma(\frac{m}{2})\Gamma(\frac{n}{2})} \left(\frac{m}{n}\right)^{\frac{m}{2}} \int_0^\infty x^{\frac{m}{2}+1} \left(\frac{m}{n}x + 1\right)^{-\frac{m+n}{2}} dx$$

$$= \frac{\Gamma(\frac{m+n}{2})}{\Gamma(\frac{m}{2})\Gamma(\frac{n}{2})} \left(\frac{m}{n}\right)^{\frac{m}{2}} \left(\frac{m}{n}\right)^{-(\frac{m}{2}+2)} \frac{\Gamma(\frac{m}{2}+2)\Gamma(\frac{n}{2}-2)}{\Gamma(\frac{m+n}{2})}$$

$$= \left(\frac{n}{m}\right)^2 \frac{\Gamma(\frac{m}{2}+2)}{\Gamma(\frac{m}{2})} \frac{\Gamma(\frac{n}{2}-2)}{\Gamma(\frac{n}{2})} = \frac{(m+2)n^2}{m(n-2)(n-4)}$$

となるので, X の分散は (3.6) より

$$\mathrm{Var}(X) = \frac{(m+2)n^2}{m(n-2)(n-4)} - \left(\frac{n}{n-2}\right)^2 = \frac{2n^2(m+n-2)}{m(n-2)(n-4)}$$

で与えられる.

次に, X と Y は独立な確率変数で, それぞれ自由度 m のカイ二乗分布 χ_m^2 と自由度 n のカイ二乗分布 χ_n^2 に従うものとする. このとき, $V = \dfrac{X/m}{Y/n}$ $\left(v = \dfrac{x/m}{y/n}\right)$ とし, 確率変数 V の密度関数を考える. $W = Y$ ($w = y$) とすると, $X = \dfrac{m}{n}VW$ $\left(X = \dfrac{m}{n}vw\right)$, $Y = W$ ($y = w$) となるので, ヤコビアンは

$$J = \begin{vmatrix} \frac{m}{n}w & \frac{m}{n}v \\ 0 & 1 \end{vmatrix} = \frac{m}{n}w$$

で与えられる. したがって, (V, W) の同時密度関数 $g(v, w)$ は, X の密度関数 $f_X(x)$ と Y の密度関数 $f_Y(y)$ を用いて

$$g(v, w) = f_X\left(\frac{m}{n}vw\right)f_Y(w)\left|\frac{m}{n}w\right|$$
$$= \frac{1}{2^{\frac{m+n}{2}}\Gamma(\frac{m}{2})\Gamma(\frac{n}{2})}\left(\frac{m}{n}\right)^{\frac{m}{2}}v^{\frac{m}{2}-1}w^{\frac{m+n}{2}-1}\exp\left\{-\frac{w}{2}\left(\frac{m}{n}v+1\right)\right\}$$

と表される. V の密度関数 $g_V(v)$ はこの同時密度関数の周辺密度関数として求めることができ, $s = \dfrac{w}{2}\left(\dfrac{m}{n}v+1\right)$ と変換することにより

$$g_V(v)$$
$$= \frac{1}{2^{\frac{m+n}{2}}\Gamma(\frac{m}{2})\Gamma(\frac{n}{2})}\left(\frac{m}{n}\right)^{\frac{m}{2}}v^{\frac{m}{2}-1}\int_0^\infty w^{\frac{m+n}{2}-1}\exp\left\{-\frac{w}{2}\left(\frac{m}{n}v+1\right)\right\}dw$$
$$= \frac{1}{\Gamma(\frac{m}{2})\Gamma(\frac{n}{2})}\left(\frac{m}{n}\right)^{\frac{m}{2}}v^{\frac{m}{2}-1}\left(\frac{m}{n}v+1\right)^{-\frac{m+n}{2}}\int_0^\infty s^{\frac{m+n}{2}-1}e^{-s}ds$$
$$= \frac{\Gamma(\frac{m+n}{2})}{\Gamma(\frac{m}{2})\Gamma(\frac{n}{2})}\left(\frac{m}{n}\right)^{\frac{m}{2}}v^{\frac{m}{2}-1}\left(\frac{m}{n}v+1\right)^{-\frac{m+n}{2}}$$

となる. このことから, V の密度関数が自由度 (m, n) の F 分布 $F_{m,n}$ の密度関数と一致することがわかる. これは, それぞれ χ_m^2 と χ_n^2 に従う独立な確率変数 X と Y に対して, $V = \dfrac{X/m}{Y/n}$ とすると, V が自由度 (m, n) の F 分

布 $F_{m,n}$ に従うことを示している.

　確率変数 $X_1,\ldots,X_m$, $Y_1,\ldots,Y_n$ は互いに独立で, $X_1,\ldots,X_m$ は正規分布 $N(\mu_x,\sigma_x^2)$ に従い, $Y_1,\ldots,Y_n$ は正規分布 $N(\mu_y,\sigma_y^2)$ に従うものとする. このとき, カイ二乗分布の性質より $\dfrac{1}{\sigma_x^2}\sum\limits_{i=1}^{m}(X_i-\bar{X})^2$ と $\dfrac{1}{\sigma_y^2}\sum\limits_{i=1}^{n}(Y_i-\bar{Y})^2$ はそれぞれ自由度 $m-1$ のカイ二乗分布 χ_{m-1}^2 と自由度 $n-1$ のカイ二乗分布 χ_{n-1}^2 に従う. したがって, F 分布の性質より

$$\frac{\dfrac{1}{m-1}\dfrac{1}{\sigma_x^2}\sum\limits_{i=1}^{m}(X_i-\bar{X})^2}{\dfrac{1}{n-1}\dfrac{1}{\sigma_y^2}\sum\limits_{i=1}^{n}(Y_i-\bar{Y})^2}=\frac{U_x^2/\sigma_x^2}{U_y^2/\sigma_y^2}$$

は, 自由度 $(m-1,n-1)$ の F 分布 $F_{m-1,n-1}$ に従う. ここで, U_x^2 と U_y^2 は, X についての不偏分散 $U_x^2=\dfrac{1}{m-1}\sum\limits_{i=1}^{m}(X_i-\bar{X})^2$ と Y についての不偏分散 $U_y^2=\dfrac{1}{n-1}\sum\limits_{i=1}^{n}(Y_i-\bar{Y})^2$ を表す.

　確率変数の変換により, F 分布に関して, 以下の性質が成り立つ (詳細は省略する).

- 確率変数 X が自由度 n の t 分布 t_n に従うとき, X^2 は自由度 $(1,n)$ の F 分布 $F_{1,n}$ に従う.

- 確率変数 X が自由度 (m,n) の F 分布 $F_{m,n}$ に従うとき, $\dfrac{1}{X}$ は自由度 (n,m) の F 分布 $F_{n,m}$ に従う. また, この性質より, 任意の α $(0<\alpha<1)$ に対して

$$F_{n,m}(1-\alpha)=\frac{1}{F_{m,n}(\alpha)}$$

が成り立つ.

5

統計的推測

本章では，第4章で紹介した確率分布に基づく統計的推測について説明する．

母集団と標本の関係として，**母集団**とは分析の対象となるすべての集まりを表し，**標本**とは母集団から抽出された値を表す確率変数である．このとき，実際に得られた値が**観測値**(データ)であり，確率変数の実現値である．そして，この標本が正規分布や指数分布などの特定の確率分布に従うと考えられる場合が多い．これらの分布には**パラメータ**という未知の値が含まれている．例えば，正規分布 $N(\mu, \sigma^2)$ では μ と σ^2 がパラメータであり，指数分布 $E_X(\lambda)$ では λ がパラメータである．実際に得られたデータからこのパラメータを求めることができれば，母集団の性質や確率分布が判明し，そのデータが従う法則もわかると考えられる．また，確率分布がわからない場合でも，母集団を特徴づける値を知りたいということも多い．

以下では，パラメータの値そのものを求めたり(統計的推定)，パラメータがある範囲に含まれるかどうかを議論したり(統計的検定)するための方法について述べる[1]．

5.1　統計的推定：点推定

5.1.1　推定量とその性質

例えば，「テレビ番組の視聴率調査」，「ある製品の性能・品質調査」に関して，次のような問題を考える．

---

[1]　本章の例や問題で使用しているデータは実際の状況や測定に基づいたものではなく，仮想の状況におけるデータである．なお，推定や検定について簡潔にまとめられている文献として [20, IV.1 節] も参照されたい．

- テレビ番組の視聴率調査：母集団はテレビを所有している全世帯となるが，そのすべてを調査するのはさまざまなコストがかかり困難である．そこで，2000世帯を対象に視聴番組を調査し，その結果を用いて全体の傾向を推測する．
- ある製品の性能・品質調査：母集団は製造された製品すべてとなる．製造された製品の中から100個を無作為に選んで調査し，その結果から全体の性能・品質を推測する．

これらは，母集団を特徴づける値 (**母数**) の推定に関する問題とみなすことができる．以下では，母数の推定と推定量の性質について説明する．

母集団が母数 θ をもつとする．$X_1, \ldots, X_n$ をこの母集団からのデータを表す確率変数としたとき，母数 θ の**推定量**は，"^（ハット）"を用いて

$$\widehat{\theta}_n = \widehat{\theta}_n(X_1, \ldots, X_n)$$

と表される．このとき，推定量 $\widehat{\theta}_n$ は確率変数となる．このように，推定したい母数を一つの値として推定しようとする方法を**点推定**という．具体的には，母集団の (母) 平均や (母) 分散は重要な母数であるが，母平均を推定する場合は標本平均 $\bar{X}$ が代表的な推定量となり，母分散を推定する場合は標本分散 S^2 や不偏分散 U^2 が代表的な推定量となる．

母分散における代表的な推定量として標本分散と不偏分散の2つがあげられるように，1つの推定対象に対してその推定量が1対1に対応して定まっているわけではない．それでは推定量がどのような性質をもてば "良い" 推定量といえるのだろうか．その一つに推定量の不偏性とよばれる性質がある．

不偏性： 母数 θ の推定量 $\widehat{\theta}_n$ が

$$E(\widehat{\theta}_n) = \theta$$

を満たすとき，$\widehat{\theta}_n$ を θ の**不偏推定量**といい，$\widehat{\theta}_n$ は**不偏性**をもつという．

ここで，推定値のヒストグラムをイメージした図5.1より，この不偏性の意味を考えてみよう[2]．推定値は獲得したデータに依存して求められる数値のため，データが $x_1, \ldots, x_n$ のときの推定値 $\widehat{\theta}_n(x_1, \ldots, x_n)$ とデータが $y_1, \ldots, y_n$ の

---

2) 図5.1はあくまで代表的なイメージであることに注意しよう．

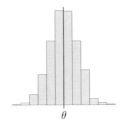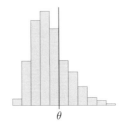

図 5.1 推定値のヒストグラムのイメージ (左: 不偏性あり，右: 不偏性なし)

ときの推定値 $\widehat{\theta}_n(y_1, \ldots, y_n)$ が同じ値になるとは限らない．そこで，「データの取得 → 推定値の導出」を何度も繰り返し，得られた推定値をヒストグラムにまとめる．すると，不偏性をもつ推定値のヒストグラムは図 5.1 の左図のように推定の対象 θ に対してほとんど対称の形となり，不偏性をもたない推定値のヒストグラムは右図のような歪んだ形となる．したがって，不偏性とは，推定量が平均的に正確であることを意味するものと考えることができる．

例 5.1 平均 μ，分散 σ^2 の母集団に対し，$X_1, \ldots, X_n$ をこの母集団からの無作為標本とする．

(1) 母平均 μ の推定量として標本平均 $\bar{X}$ を考える．このとき，期待値の性質より

$$E\left(\bar{X}\right) = \frac{1}{n}\sum_{i=1}^{n} E(X_i) = \mu$$

となり，標本平均 $\bar{X}$ は母平均 μ の不偏推定量であることがわかる．

(2) 母分散 σ^2 の推定量として標本分散 S^2 を考える．このとき，

$$E(X_i^2) = \mathrm{Var}(X_i) + \{E(X_i)\}^2 = \sigma^2 + \mu^2,$$

$$E(\bar{X}^2) = \mathrm{Var}(\bar{X}) + \{E(\bar{X})\}^2 = \frac{\sigma^2}{n} + \mu^2$$

より

$$E\left(S^2\right) = \frac{1}{n}\sum_{i=1}^{n} E(X_i^2) - E(\bar{X}^2) = \frac{n-1}{n}\sigma^2 \neq \sigma^2.$$

したがって，標本分散 S^2 は母分散 σ^2 の不偏推定量ではない．

(3) 母分散 σ^2 の推定量として不偏分散 U^2 を考える．このとき，$U^2 = \dfrac{n}{n-1}S^2$ より

$$E\left(U^2\right) = \frac{n}{n-1} E(S^2) = \sigma^2.$$

したがって，不偏分散 U^2 は母分散 σ^2 の不偏推定量である．

$$* \quad * \quad * \quad * \quad * \quad *$$

さて，ここまで不偏推定量について述べてきたが，不偏性だけで良い推定量というには不十分である．例えば，$X_1, \ldots, X_n$ をある母集団からの無作為標本としたとき，母平均の推定量として，例えば X_i や $\dfrac{X_1 + X_n}{2}$ を考えると，これらは不偏推定量とはなるが，良い推定量とはいえないことは想像がつくだろう．そこで良い推定量のための性質として不偏性と並べてあげられるのが，推定量の一致性である．

一致性： 任意の $\epsilon > 0$ に対して，母数 θ の推定量 $\widehat{\theta}_n$ が

$$P(|\widehat{\theta}_n - \theta| < \epsilon) \to 1 \quad (n \to \infty)$$

を満たすとき，$\widehat{\theta}_n$ を θ の**一致推定量**といい，$\widehat{\theta}_n$ は**一致性**をもつという．

この性質は，データ数 n が増加すると，推定量 (推定値) が推定の対象となる値 θ に近づくことを意味している (図5.2)．例5.1で扱った3つの推定量に関して，標本平均は母平均の一致推定量になっており，標本分散と不偏分散は母分散の一致推定量となっている．

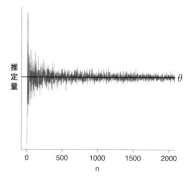

図 5.2　一致推定量のイメージ

続いて，1つの推定対象に対しその推定量が複数存在する場合に，どの推定量が最も良い推定量となるのか，推定量どうしを比較して評価する．上で述べた不偏性や一致性だけでは推定量を比較することができない．そこで，比較のために

$$E\{(\widehat{\theta}_n - \theta)^2\}$$

という指標を導入する．この指標を $\widehat{\theta}_n$ の**平均二乗誤差**とよぶ．推定量の平均二乗誤差を比較し，この誤差がより小さいほうが良い推定量と考えることがで

きる．また，$\widehat{\theta}_n$ が不偏推定量であれば，平均二乗誤差は $\widehat{\theta}_n$ の分散 $\mathrm{Var}(\widehat{\theta}_n)$ となる．つまり，不偏推定量どうしの比較の場合，その分散を最小とするものがあれば最良の不偏推定量とみなすことができる[3]．分散を最小とする不偏推定量を**一様最小分散不偏推定量** (**UMVUE**: Uniformly Minimum Variance Unbiased Estimator) とよぶ．

例 5.2 $X_1, \ldots, X_n$ $(n \geq 3)$ を平均 μ，分散 σ^2 の母集団からの無作為標本とする．母平均の推定量として $\widehat{\mu}_{1,n} = \bar{X}$ と $\widehat{\mu}_{2,n} = \dfrac{X_1 + X_n}{2}$ を考えると，$\widehat{\mu}_{1,n}$ と $\widehat{\mu}_{2,n}$ はともに不偏推定量である．このとき，$\widehat{\mu}_{1,n}$ と $\widehat{\mu}_{2,n}$ の平均二乗誤差はそれぞれ

$$E\{(\widehat{\mu}_{1,n} - \mu)^2\} = \mathrm{Var}(\widehat{\mu}_{1,n}) = \frac{\sigma^2}{n},$$

$$E\{(\widehat{\mu}_{2,n} - \mu)^2\} = \mathrm{Var}(\widehat{\mu}_{2,n}) = \frac{\sigma^2}{2}$$

で与えられ，$\widehat{\mu}_{1,n}$ の平均二乗誤差のほうが小さくなる．したがって，$\widehat{\mu}_{1,n}$ と $\widehat{\mu}_{2,n}$ では，$\widehat{\mu}_{1,n}$ のほうが良い推定量であると考えられる．

5.1.2 最尤推定 *

次の問題を考える．

「表が出る確率が不明のコインがある．このコインを 10 回投げたところ，表が 4 回出た．このとき，このコインの表が出る確率 p $(0 < p < 1)$ を推測する」

コインを投げた結果から，直感的には $p = \frac{4}{10} = \frac{2}{5}$ といいたくなるだろう．しかし，この問題を「コインを投げて 10 回中表が 4 回出るという結果 (データ) の得られやすさを p に依存して定まる確率として表現し，この確率が最も高くなるのは p がいくつのときか」という問題として考えてみよう．表が出る確率が p のコインを 10 回投げて表が出る回数を確率変数 X とすると，X は二項分布 $B_N(10, p)$ に従うと考えることができる．したがって，このコインを投げて 10 回中表が 4 回出るという結果が得られる確率は，二項分布の確率関数を用いて

---

3) 本書では省略するが，不偏推定量の分散の下限を示したものとして「クラメール–ラオの不等式」がある．

$$P(X = 4) = {}_{10}\mathrm{C}_4 p^4 (1 - p)^6$$

と表され，これは $p = \frac{2}{5}$ のとき最大となる．このように，実際に得られたデータの得られやすさの程度を確率 (関数) や密度関数の形で表現し，それらを最大とするパラメータの値を推定量とみなすことができる．

それでは，一般の場合を考えてみよう．獲得したデータを $x_1, \ldots, x_n$，それぞれのデータを表す確率変数を $X_1, \ldots, X_n$ とする．このとき，$X_1, \ldots, X_n$ の同時密度関数を $f(x_1, \ldots, x_n; \theta)$ とすると，この関数は，パラメータ θ に対してデータ $x_1, \ldots, x_n$ の得られやすさを表すものとなっている．したがって，

$$L(\theta) = f(x_1, \ldots, x_n; \theta)$$

とおき，これを θ について最大化することにより，$x_1, \ldots, x_n$ を最も得られやすくする θ を求めることができる．$L(\theta)$ を最大にする $\widehat{\theta}_n$ を推定量として採用する手法を**最尤法**とよび，$L(\theta)$ の最大化によって得られた $\widehat{\theta}_n$ を θ の**最尤推定量**という．また，$L(\theta)$ は $f(x_1, \ldots, x_n; \theta)$ において $x_1, \ldots, x_n$ を固定し θ の関数とみなしたものであり，**尤度関数**とよぶ．

最尤推定量 $\widehat{\theta}_n$ に関して，通常は $L(\theta)$ の対数をとった対数尤度関数

$$\log L(\theta) = \log f(x_1, \ldots, x_n; \theta)$$

を最大とするものとして求めることが多い．対数関数の単調性より，尤度関数と対数尤度関数を最大とする θ は一致する．特に，$X_1, \ldots, X_n$ が独立に同じ確率分布に従うとき，尤度関数は

$$L(\theta) = f(x_1; \theta) \cdots f(x_n; \theta) = \prod_{i=1}^{n} f(x_i; \theta)$$

となるので，対数尤度関数は

$$\log L(\theta) = \sum_{i=1}^{n} \log f(x_i; \theta)$$

と表される．

実際に最尤法を用いて推定をする場合，方程式[4]

$$\frac{\partial}{\partial \theta} \log L(\theta) = 0 \tag{5.1}$$

の解が最尤推定量となる．$X_1, \ldots, X_n$ が独立に同じ確率分布に従うとき，方

---

[4] 多変数関数に対して，1つの変数のみについて微分することを**偏微分**とよぶ．$f(x_1, x_2, \ldots)$ の変数 x_1 に関する偏微分を $\dfrac{\partial}{\partial x_1} f(x_1, x_2, \ldots), \partial_{x_1} f(x_1, x_2, \ldots), f_{x_1}(x_1, x_2, \ldots)$ 等と表す．

程式 (5.1) は

$$\sum_{i=1}^{n} \frac{\partial}{\partial \theta} \log f(x_i; \theta) = 0$$

となり，この方程式の解として最尤推定量が定まる．推定の対象となるパラメータが複数ある場合でも同様に求めることができる．例えば，k 個のパラメータ $\theta_1, \ldots, \theta_k$ が存在するとき，連立方程式

$$\begin{cases} \dfrac{\partial}{\partial \theta_1} \log L(\theta_1, \ldots, \theta_k) = 0, \\ \qquad\qquad \vdots \\ \dfrac{\partial}{\partial \theta_k} \log L(\theta_1, \ldots, \theta_k) = 0 \end{cases}$$

の解として最尤推定量 $\widehat{\theta}_{1,n}, \ldots, \widehat{\theta}_{k,n}$ が求められる．

では，いくつかの代表的な分布について，そのパラメータの最尤推定量を求めてみよう．

(1) 確率変数 $X_1, \ldots, X_n$ がそれぞれ独立に二項分布 $B_N(m, p)$ に従うとする．このとき，p がパラメータであり，X_i の確率関数は

$$f(x_i; p) = {}_m\mathrm{C}_{x_i} p^{x_i} (1-p)^{m-x_i}$$

であるので，対数尤度関数は

$$\log L(p) = \sum_{i=1}^{n} \left\{ \log({}_m\mathrm{C}_{x_i}) + x_i \log p + (m - x_i) \log(1-p) \right\}$$

となる．方程式

$$\frac{\partial}{\partial p} \log L(p) = \sum_{i=1}^{n} \left(\frac{x_i}{p} - \frac{m - x_i}{1-p} \right) = 0$$

$$\Longleftrightarrow \quad (1-p) \sum_{i=1}^{n} x_i - p \left(nm - \sum_{i=1}^{n} x_i \right) = 0$$

を満たす p を求めることにより，最尤推定量

$$\widehat{p}_n = \frac{1}{m} \bar{X} = \frac{1}{mn} \sum_{i=1}^{n} X_i$$

を得る．

(2) 確率変数 $X_1, \ldots, X_n$ がそれぞれ独立に正規分布 $N(\mu, \sigma^2)$ に従うとする．このとき，パラメータは μ と σ^2 の 2 つであり，X_i の密度関数は

$$f(x_i; \mu, \sigma^2) = \frac{1}{\sqrt{2\pi}\sigma} \exp\left\{ -\frac{(x_i - \mu)^2}{2\sigma^2} \right\}$$

となる. 対数尤度関数は

$$\log L(\mu, \sigma^2) = \sum_{i=1}^{n} \left\{ -\frac{1}{2} \log 2\pi - \frac{1}{2} \log \sigma^2 - \frac{(x_i - \mu)^2}{2\sigma^2} \right\}$$

$$= -\frac{n}{2} \log 2\pi - \frac{n}{2} \log \sigma^2 - \frac{1}{2\sigma^2} \sum_{i=1}^{n} (x_i - \mu)^2$$

と表せる. 連立方程式

$$\begin{cases} \dfrac{\partial}{\partial \mu} \log L(\mu, \sigma^2) = \dfrac{1}{2\sigma^2} \sum_{i=1}^{n} (x_i - \mu) = 0, \\[2mm] \dfrac{\partial}{\partial \sigma^2} \log L(\mu, \sigma^2) = -\dfrac{n}{2\sigma^2} + \dfrac{1}{2(\sigma^2)^2} \sum_{i=1}^{n} (x_i - \mu)^2 = 0 \end{cases}$$

を μ, σ^2 について解くことにより, 以下の最尤推定量

$$\begin{cases} \widehat{\mu}_n = \bar{X} = \dfrac{1}{n} \sum_{i=1}^{n} X_i, \\[2mm] \widehat{\sigma}_n^2 = \dfrac{1}{n} \sum_{i=1}^{n} (X_i - \widehat{\mu}_n)^2 = \dfrac{1}{n} \sum_{i=1}^{n} (X_i - \bar{X})^2 \end{cases}$$

を得る.

例 5.3 小学生の A 君と B 君が, あるテレビゲームにおいて自分のほうが強いと互いに主張しあっている.

A「僕は君と 3 回戦って, 2 回も勝っている. 勝率は $2/3 \approx 0.667$ だから僕のほうが強いよ.」

B「いや, そもそも 3 回ぐらいでは偶然に弱いほうが勝率で勝ることもあるよね. もっとたくさん対戦すれば僕のほうが勝率は高くなるかもよ.」

さて, A 君の B 君に対する対戦結果は確率的な事象としてベルヌーイ分布 $B_N(1, p)$ に従うものと想定する. つまり, i 回目の対戦での彼の勝敗は確率変数 X_i で表され, 勝ちを $X_i = 1$ でその実現確率を p, 負けを $X_i = 0$ とする. このとき $p > 1/2$ であれば, A 君は B 君より「強い」とみなすことができるだろう.

では, 最尤推定の視点から, A 君の強さを推定してみよう. なお, このゲームは勝つか負けるかのいずれかであり, 引き分けはないものとする. いま得られている情報から, p の最尤推定量は,

$$\widehat{p}_3 = \bar{X} = \frac{1}{3} \sum_{i=1}^{3} X_i = \frac{2}{3}$$

▌となる．A 君の主張する素朴な勝率は実は最尤推定量と一致している[5]．

問題 5.4 上記の例において，さらに A 君と B 君はテレビゲームでの対戦を繰り返し，50 回行ったとする．結果，27 回 A 君が勝った．このとき A 君の勝率 p の最尤推定量を求めよ．

問題 5.5 喫煙の心臓への影響を調査するために，10 人 (A～J) を無作為に選び喫煙の前後における 1 分間の脈拍 (回) を測定し，その差 (喫煙前の脈拍 − 喫煙後の脈拍) として下表のデータが得られたとする．これらのデータは正規分布 $N(\mu, \sigma^2)$ に従っていると仮定する．このとき，脈拍の差の平均 μ と分散 σ^2 の最尤推定量を求めよ．

A	B	C	D	E	F	G	H	I	J
−1	0	−2	3	−3	−1	−2	−4	1	−1

5.2　統計的推定：区間推定 (1 標本)

　5.1 節では点推定を紹介した．点推定においては，母数やパラメータなど推定対象の値を具体的な 1 つの数値として求めることができるが，求めた推定量が対象の値と完全に一致することはほとんどない．そこで，推定対象が存在する範囲の推定を考えてみよう．これを**区間推定**とよぶ．推定対象を θ とすると，区間推定の構成は，適当な値 α $(0 < \alpha < 1)$ をとり

$$1 - \alpha = P(A \leq \theta \leq B)$$

を満たすような区間 $[A, B]$ を求めることとなる．このとき，区間 $[A, B]$ を $100(1 - \alpha)\%$**信頼区間**とよぶ．また，$1 - \alpha$ を**信頼係数**とよび，信頼係数が高いほど信頼区間の幅は広くなる．実際に区間推定を行う際には，95% 信頼区間 ($\alpha = 0.05$ とした信頼区間) を構成することが多い．

注意 5.6　信頼係数 $1 - \alpha$ は，一般に推定対象がどの程度の確率で求めた区間に含まれるかを表すといわれている．しかし，実際にデータを手に入れ信頼区間を構成すると，この区間に推定対象が含まれるか否かの確率は 0 か 1 かであり，$1 - \alpha$ となることはない．では，信頼係数が $1 - \alpha$ であるとはどのような意味をもつだろうか．例えば，n

---

　5)　もちろん，これは現在までに得られた情報による推定値にすぎず，真に $p = 2/3$ となることを意味しない．したがってこれだけから，本当に A 君が強いと断定することは当然できず，B 君の言い分にも分がある．

個のデータを 20 組手に入れ，各組ごとに 95%信頼区間 ($\alpha = 0.05$) を構成する．この
とき，図 5.3 のように，20 個のうち 19 個 (95%) の区間が推定対象を含むような区間
になると考えられる．このように，信頼係数が $1 - \alpha$ であるとは，m 組のデータを手
に入れて各組ごとに信頼区間を求めたとき，m 個の信頼区間のうち $100(1 - \alpha)\%$ の
区間が推定対象を含むものになるということを示している．

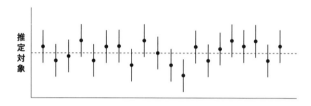

図 5.3　信頼区間のイメージ

以下では，信頼区間の構成について，具体的に紹介する．

5.2.1　正規分布の母平均の推定 (母分散が既知)

$X_1, \ldots, X_n$ を測定値 (データ) を表す確率変数とし，それぞれ独立に正規分
布 $N(\mu, \sigma^2)$ に従うものとする．また，母平均 μ は未知であり，母分散 σ^2 は
既知であるとする．母平均 μ の推定であるので，一致性や不偏性といった良
い性質をもつ母平均の推定量 $\bar{X} = \dfrac{1}{n}\sum_{i=1}^{n} X_i$ に着目しよう．正規分布の性質よ

り，$\bar{X}$ は正規分布 $N\left(\mu, \dfrac{\sigma^2}{n}\right)$ に従うので，標準化した

$$Z = \frac{\bar{X} - \mu}{\sqrt{\frac{\sigma^2}{n}}} = \frac{\sqrt{n}(\bar{X} - \mu)}{\sigma}$$

は標準正規分布 $N(0,1)$ に従う．よって，適当な α $(0 < \alpha < 1)$ に対して

$$1 - \alpha = P\left(-z_{\alpha/2} \leq Z \leq z_{\alpha/2}\right) = P\left\{-z_{\alpha/2} \leq \frac{\sqrt{n}(\bar{X} - \mu)}{\sigma} \leq z_{\alpha/2}\right\}$$

が成り立つ．最右辺 { } 内の不等式を μ について解くと

$$\bar{X} - z_{\alpha/2}\frac{\sigma}{\sqrt{n}} \leq \mu \leq \bar{X} + z_{\alpha/2}\frac{\sigma}{\sqrt{n}}$$

となり，μ に関する区間を得ることができる．この区間が母平均 μ についての

$100(1 - \alpha)$%信頼区間である．区間幅は $2 z_{\alpha/2} \dfrac{\sigma}{\sqrt{n}}$ であり，標本に依存しない．

例 5.7 あるメーカーが製造しているアルコール飲料を無作為に 10 本選び，アルコール濃度 (%) を測定したところ，その平均値は 4.9% であったとする．この飲料のアルコール濃度は正規分布 $N(\mu, \sigma^2)$ に従い，その標準偏差 (σ) は 0.2% であることがわかっている．

このとき，母平均 μ の 95%信頼区間は

$$4.9 - z_{0.05/2} \frac{0.2}{\sqrt{10}} \leq \mu \leq 4.9 + z_{0.05/2} \frac{0.2}{\sqrt{10}}$$

$$\Longleftrightarrow \qquad 4.776 \leq \mu \leq 5.024$$

となる．また，90%信頼区間は

$$4.9 - z_{0.1/2} \frac{0.2}{\sqrt{10}} \leq \mu \leq 4.9 + z_{0.1/2} \frac{0.2}{\sqrt{10}}$$

$$\Longleftrightarrow \qquad 4.796 \leq \mu \leq 5.004$$

であり，信頼係数が高いほう (95% のほう) が区間の幅が広くなっていることがわかる．

問題 5.8 あるデータ $x_1, \ldots, x_n$ はそれぞれ確率変数 $X_1, \ldots, X_n$ の観測値であるとし，$X_1, \ldots, X_n$ がそれぞれ独立に正規分布 $N(\mu, 5)$ に従うとする．このとき，母平均 μ の 95%信頼区間の幅を 1 以下にしたい場合，少なくとも何個のデータが必要か．

5.2.2 正規分布の母平均の推定 (母分散が未知)

$X_1, \ldots, X_n$ を観測値を表す確率変数とし，それぞれ独立に正規分布 $N(\mu, \sigma^2)$ に従うものとする．また，母平均 μ も母分散 σ^2 も未知であるとする．このとき，前項で求めた μ の信頼区間は σ の値を含んでいるので，そのまま使用することはできない．そこで，σ の代わりに σ^2 の不偏推定量 $U^2 = \dfrac{1}{n-1} \sum\limits_{i=1}^{n} (X_i - \bar{X})^2$ を用いると，t 分布の性質より

$$\frac{\bar{X} - \mu}{\sqrt{\frac{U^2}{n}}} = \frac{\sqrt{n}(\bar{X} - \mu)}{\sqrt{U^2}}$$

は自由度 $n-1$ の t 分布 t_{n-1} に従う．したがって，適当な α $(0 < \alpha < 1)$

に対して

$$1 - \alpha = P\left\{ -t_{n-1}(\alpha/2) \leq \frac{\sqrt{n}(\bar{X} - \mu)}{\sqrt{U^2}} \leq t_{n-1}(\alpha/2) \right\}$$

が成り立つ. 右辺 { } 内の不等式を μ について解くと

$$\bar{X} - t_{n-1}(\alpha/2)\sqrt{\frac{U^2}{n}} \leq \mu \leq \bar{X} + t_{n-1}(\alpha/2)\sqrt{\frac{U^2}{n}}$$

となり, 母平均 μ についての $100(1 - \alpha)$%信頼区間を構成できる.

例 5.9 あるメーカーが製造しているアルコール飲料を無作為に 10 本選び, そのアルコール濃度 (%) を測定したところ

5.00	5.00	4.97	4.99	5.01	5.01	4.98	4.99	4.97	4.99

が得られたとする. この飲料のアルコール濃度は正規分布 $N(\mu, \sigma^2)$ に従うことがわかっているものとし, 母平均 μ の 95%信頼区間を構成しよう.

このとき, 標本平均と不偏分散はそれぞれ 4.991 と 0.00021 となる. したがって, 母平均 μ の 95%信頼区間は

$$4.991 - t_9(0.05/2)\sqrt{\frac{0.00021}{10}} \leq \mu \leq 4.991 + t_9(0.05/2)\sqrt{\frac{0.00021}{10}}$$

$$\Longleftrightarrow \quad 4.981 \leq \mu \leq 5.001$$

となる.

問題 5.10 例 5.9 について, 母平均 μ の 90%信頼区間および 99%信頼区間を求めよ. ただし, $\sqrt{\frac{0.00021}{10}} = 0.0046$ としてよい.

5.2.3 正規分布の母分散の推定 *

$X_1, \ldots, X_n$ を観測値を表す確率変数とし, それぞれ独立に正規分布 $N(\mu, \sigma^2)$ に従うものとする. また, 母平均 μ も母分散 σ^2 も未知であるとする. このとき, 母分散の不偏推定量 U^2 を用いて, σ^2 の区間推定を考える. カイ二乗分布の性質より

$$\frac{1}{\sigma^2}\sum_{i=1}^{n}(X_i - \bar{X})^2 = \frac{n-1}{\sigma^2}U^2$$

は自由度 $n-1$ のカイ二乗分布 χ^2_{n-1} に従う．よって，適当な α $(0 < \alpha < 1)$ に対して

$$1 - \alpha = P\left\{\chi^2_{n-1}(1 - \alpha/2) \leq \frac{n-1}{\sigma^2}U^2 \leq \chi^2_{n-1}(\alpha/2)\right\}$$

が成り立つ．右辺 { } 内の不等式を σ^2 について解くと

$$\frac{(n-1)U^2}{\chi^2_{n-1}(\alpha/2)} \leq \sigma^2 \leq \frac{(n-1)U^2}{\chi^2_{n-1}(1 - \alpha/2)}$$

となり，母分散 σ^2 についての $100(1 - \alpha)\%$信頼区間を構成できる．

例 5.11 例 5.9 に関して，母分散 σ^2 の 95%信頼区間を構成すると，不偏分散 U^2 が 0.00021 であるので

$$\frac{9 \times 0.00021}{\chi^2_9(0.05/2)} \leq \sigma^2 \leq \frac{9 \times 0.00021}{\chi^2_9(1 - 0.05/2)}$$

$$\Longleftrightarrow \quad 0.994 \times 10^{-4} \leq \sigma^2 \leq 7.000 \times 10^{-4}$$

$$\Longleftrightarrow \quad 0.010 \leq \sigma \leq 0.026$$

となる．

問題 5.12 例 5.9 について，母分散 σ^2 の 90%信頼区間および 99%信頼区間を求めよ．

5.2.4 母比率の推定 **

母比率 (成功確率) が p の独立なベルヌーイ試行を n 回行い，その成功回数を X とすると，X は二項分布 $B_N(n,p)$ に従うと考えることができる．ここで，成功確率 p は未知母数であり，p の最尤推定量は $\widehat{p}_n = \dfrac{X}{n}$ である．

以下では，試行回数 n が十分に大きい場合を考える．このとき，二項分布 $B_N(n,p)$ は正規分布 $N(np, np(1-p))$ で近似することができる[6]．つまり，X は近似的に正規分布 $N(np, np(1-p))$ に従い，標準化により

$$\frac{X - np}{\sqrt{np(1-p)}}$$

---

6) 「中心極限定理」を用いることにより導出できる (4.4.2 項参照).

は近似的に標準正規分布 $N(0,1)$ に従う. したがって, 適当な α $(0 < \alpha < 1)$ に対して

$$1 - \alpha = P\left\{ -z_{\alpha/2} \leq \frac{X - np}{\sqrt{np(1-p)}} \leq z_{\alpha/2} \right\}$$

が成り立つ. 右辺 { } 内の不等式を p について解くと[7]

$$\widehat{p}_n - \frac{z_{\alpha/2}}{\sqrt{n}} \sqrt{\widehat{p}_n(1-\widehat{p}_n)} \leq p \leq \widehat{p}_n + \frac{z_{\alpha/2}}{\sqrt{n}} \sqrt{\widehat{p}_n(1-\widehat{p}_n)}$$

となり, 母比率 p についての $100(1-\alpha)$%信頼区間を構成できる.

例 5.13 ある選挙において 2000 人に対して出口調査を行ったところ, 候補者 A 氏の得票数は 1200 件だったとする. このとき, A 氏の得票率を p とすると, その (最尤) 推定量は $\widehat{p}_n = \frac{1200}{2000} = \frac{3}{5}$ である. また, p の 95%信頼区間は

$$\frac{3}{5} - \frac{z_{0.05/2}}{\sqrt{2000}} \sqrt{\frac{3}{5}\left(1 - \frac{3}{5}\right)} \leq p \leq \frac{3}{5} + \frac{z_{0.05/2}}{\sqrt{2000}} \sqrt{\frac{3}{5}\left(1 - \frac{3}{5}\right)}$$

$$\Longleftrightarrow \qquad 0.579 \leq p \leq 0.621$$

となる.

問題 5.14 上記の出口調査において, さらに調査対象者を増やし計 5000 人に対して出口調査を行った. すると, 候補者 A 氏の得票数は 2390 件だった. このとき, A 氏の得票率を p とすると, その最尤推定量はいくらか. また, このときの p の 95%信頼区間を求めよ. ただし, $\frac{1}{\sqrt{5000}}\sqrt{\frac{2390}{5000}\left(1 - \frac{2390}{5000}\right)} = 0.00706$ としてよい.

5.3 統計的推定：区間推定 (2 標本)

前節まで, 確率変数 $X_1, \ldots, X_m$ が独立に同一分布に従う場合を考えており, 同一の母集団からの標本における母数の推定について扱った. 本節では, $X_1, \ldots, X_m$ とは異なる母集団からの標本 $Y_1, \ldots, Y_n$ についても同時に考える.

---

7) p の最尤推定量 $\widehat{p}$ は一致推定量であり, n が十分大きいときには p と一致すると考えられるので, 根号の中の p を $\widehat{p}$ で置き換えて解いている.

ここで，$Y_1, \ldots, Y_n$ は独立に同一分布に従うものとする．特に，$(X_1, \ldots, X_m)$ と $(Y_1, \ldots, Y_n)$ が独立であるとき (2 つの標本に対応がないとき)，2 つの異なる母集団の母数の差や比について扱う問題を **2 標本問題**という．以下では，母平均の差，母分散の比，母比率の差の信頼区間の構成について紹介する．

　2 つの標本の母平均の差の信頼区間の構成を考える場合，2 つの標本が対応のある標本か対応のない標本かによってその構成は異なる．ここで，**対応のある標本**とは，同一の対象から観測された対となる標本のことをいう．例えば，以下は対応のある標本と考えることができる．

- 数人の被験者に投薬試験を行った場合の投薬前後に得られる身体データ．
- 対象となる数人の被験者のトレーニング前後の体重．

逆に，対応のない標本とは，異なる対象から観測された標本のことをいう．例えば，

- 投薬試験に際し，投薬を行う集団と行わない集団に分けた場合の各集団における身体データ，
- 試料 A を与えた鶏の集団と試料 B を与えた鶏の集団の各集団における体重変化，

は対応のない標本と考えられる．

5.3.1　対応のある正規分布の母平均の差の推定 (母分散が未知)

　対応のある標本の母平均の差の区間推定について具体例から考えてみよう．無作為に選ばれた 10 人の被験者 (A〜J) に対し投薬試験を行い，投薬前後の最高血圧 (mmHg) を測定した結果，以下が得られたとする．

	A	B	C	D	E	F	G	H	I	J
投薬前	124	128	146	131	131	147	135	117	123	126
投薬後	120	125	144	126	128	144	133	115	123	127

　投薬前のデータに対する確率変数を $X_1, \ldots, X_{10}$ で表し，投薬後のデータに対する確率変数を $Y_1, \ldots, Y_{10}$ で表すものとする．また，$X_1, \ldots, X_{10}$ と $Y_1, \ldots, Y_{10}$ はそれぞれ独立に正規分布 $N(\mu_x, \sigma_x^2)$ と $N(\mu_y, \sigma_y^2)$ に従うことがわかっているとする (σ_x^2, σ_y^2 は未知)．このとき，この薬の血圧に対する効果について検討するために，正規分布の母平均の差 $\mu_x - \mu_y$ に着目し推定を行う．投薬前後の血圧の差 (投薬前 − 投薬後) をとると

A	B	C	D	E	F	G	H	I	J
4	3	2	5	3	3	2	2	0	-1

となる．この差を表す確率変数を $D_1, \ldots, D_{10}$ $(D_i = X_i - Y_i)$ とおくと，正規分布の性質より $D_1, \ldots, D_{10}$ はそれぞれ独立に正規分布 $N(\mu_x - \mu_y, \sigma_x^2 + \sigma_y^2)$ に従う．したがって，母平均の差 $\mu_x - \mu_y$ を推定するためには，$D_1, \ldots, D_{10}$ に関する正規分布の母平均の推定を考えればよい．

これは，5.2.2 項で紹介した "母分散が未知の場合の正規分布の母平均の区間推定" と同様の信頼区間を構成できるということである．投薬前後の血圧の差における標本平均と不偏分散はそれぞれ 2.300 と 3.122 となるので，母平均の差 $\mu_x - \mu_y$ の 95% 信頼区間は

$$2.300 - t_9(0.05/2)\sqrt{\frac{3.122}{10}} \leq \mu_x - \mu_y \leq 2.300 + t_9(0.05/2)\sqrt{\frac{3.122}{10}}$$

$$\Longleftrightarrow \qquad 1.036 \leq \mu_x - \mu_y \leq 3.564$$

となる．

このように，対応のある標本の母平均の差の区間推定については，2 つの標本の差をとることにより，母分散が未知の場合の正規分布の母平均の区間推定に帰着して信頼区間を構成することができる．

5.3.2　対応のない正規分布の母平均の差の推定 (母分散が既知)

$X_1, \ldots, X_m$ はそれぞれ独立に正規分布 $N(\mu_x, \sigma_x^2)$ に従い，$Y_1, \ldots, Y_n$ はそれぞれ独立に正規分布 $N(\mu_y, \sigma_y^2)$ に従うものとする．また，$(X_1, \ldots, X_m)$ と $(Y_1, \ldots, Y_n)$ は独立であるとする．σ_x^2 と σ_y^2 が既知の場合の正規分布の母平均の差 $\mu_x - \mu_y$ の区間推定を考えよう．

母平均 μ_x と μ_y の推定量としてそれぞれの標本平均 $\bar{X} = \dfrac{1}{m}\sum_{i=1}^{m} X_i$ と

$\bar{Y} = \dfrac{1}{n}\sum_{i=1}^{n} Y_i$ に着目すると，母平均の差 $\mu_x - \mu_y$ の自然な推定量は $\bar{X} - \bar{Y}$

と考えられる．$\bar{X}$ と $\bar{Y}$ はそれぞれ正規分布 $N\left(\mu_x, \dfrac{\sigma_x^2}{m}\right)$ と $N\left(\mu_y, \dfrac{\sigma_y^2}{n}\right)$ に

従うので，正規分布の性質より $\bar{X} - \bar{Y}$ は正規分布 $N\left(\mu_x - \mu_y, \dfrac{\sigma_x^2}{m} + \dfrac{\sigma_y^2}{n}\right)$

に従う．標準化により

$$Z = \frac{\bar{X} - \bar{Y} - (\mu_x - \mu_y)}{\sqrt{\frac{\sigma_x^2}{m} + \frac{\sigma_y^2}{n}}} \tag{5.2}$$

は標準正規分布に従う．したがって，適当な α $(0 < \alpha < 1)$ に対して

$$1 - \alpha = P\left(-z_{\alpha/2} \leq Z \leq z_{\alpha/2}\right)$$

$$= P\left\{-z_{\alpha/2} \leq \frac{\bar{X} - \bar{Y} - (\mu_x - \mu_y)}{\sqrt{\frac{\sigma_x^2}{m} + \frac{\sigma_y^2}{n}}} \leq z_{\alpha/2}\right\}$$

が成り立つ．右辺 { } 内を $\mu_x - \mu_y$ について解くと

$$\bar{X} - \bar{Y} - z_{\alpha/2}\sqrt{\frac{\sigma_x^2}{m} + \frac{\sigma_y^2}{n}} \leq \mu_x - \mu_y \leq \bar{X} - \bar{Y} + z_{\alpha/2}\sqrt{\frac{\sigma_x^2}{m} + \frac{\sigma_y^2}{n}}$$

となり，$\mu_x - \mu_y$ についての $100(1 - \alpha)$%信頼区間を構成できる．

例 5.15 22 人の被験者を募り，新薬の血圧に対する効果を検証する．被験者のうち 10 人には新薬，12 人には従来薬を使用し，最高血圧 (mmHg) を測定する．測定の結果は以下のとおりであったとする．

新 薬	132	127	127	107	128	131	115	120	121	125	
従来薬	130	134	129	125	109	133	115	123	120	118	130	125

新薬を使用した集団と従来薬を使用した集団はそれぞれ独立に正規分布 $N(\mu_x, 60)$ と $N(\mu_y, 58)$ に従うことがわかっているものとし，母平均 $\mu_x - \mu_y$ の 95%信頼区間を構成しよう．

このとき，新薬を使用した集団の標本平均は 123.300，従来薬を使用した集団の標本平均 124.250 であるので，$\mu_x - \mu_y$ の 95%信頼区間は

$$123.300 - 124.250 - z_{0.05/2}\sqrt{\frac{60}{10} + \frac{58}{12}} \leq \mu_x - \mu_y$$

$$\leq 123.300 - 124.250 + z_{0.05/2}\sqrt{\frac{60}{10} + \frac{58}{12}}$$

であり，$-7.401 \leq \mu_x - \mu_y \leq 5.501$ となる．

問題 5.16 例 5.15 について，母平均の差 $\mu_x - \mu_y$ の 90%信頼区間を求めよ．ただし，$\sqrt{\frac{60}{10} + \frac{58}{12}} = 3.2914$ としてよい．

5.3.3　対応のない正規分布の母平均の差の推定 (母分散が等しく未知) *

$X_1, \ldots, X_m$ はそれぞれ独立に正規分布 $N(\mu_x, \sigma_x^2)$ に従い, $Y_1, \ldots, Y_n$ はそれぞれ独立に正規分布 $N(\mu_y, \sigma_y^2)$ に従うものとする. また, $(X_1, \ldots, X_m)$ と $(Y_1, \ldots, Y_n)$ は独立であるとする. 母分散 σ_x^2 と σ_y^2 は等しい ($\sigma_x^2 = \sigma_y^2 = \sigma^2$) が未知の場合の正規分布の母平均の差 $\mu_x - \mu_y$ の区間推定を考える.

5.3.2 項と同様に $\mu_x - \mu_y$ の推定量として標本平均の差 $\bar{X} - \bar{Y}$ を用いると, $\bar{X} - \bar{Y}$ は正規分布 $N\left(\mu_x - \mu_y, \left(\frac{1}{m} + \frac{1}{n}\right)\sigma^2\right)$ に従う. ここで, σ^2 は未知であるので, σ_x^2 の不偏推定量 $U_x^2 = \dfrac{1}{m-1} \sum\limits_{i=1}^{m} (X_i - \bar{X})^2$ と σ_y^2 の不偏推定量 $U_y^2 = \dfrac{1}{n-1} \sum\limits_{i=1}^{n} (Y_i - \bar{Y})^2$ を利用した合併推定量

$$\widehat{\sigma}^2 = \frac{(m-1)U_x^2 + (n-1)U_y^2}{m+n-2}$$

を σ^2 の推定量として利用する. カイ二乗分布の性質より, $\dfrac{(m-1)U_x^2}{\sigma^2}$ と $\dfrac{(n-1)U_y^2}{\sigma^2}$ はそれぞれ自由度 $m-1$ のカイ二乗分布 χ_{m-1}^2 と自由度 $n-1$ のカイ二乗分布 χ_{n-1}^2 に従うので, $\dfrac{(m-1)U_x^2 + (n-1)U_y^2}{\sigma^2}$ は自由度 $m+n-2$ のカイ二乗分布 χ_{m+n-2}^2 に従う. カイ二乗分布の期待値を考慮すると, 推定量 $\widehat{\sigma}^2$ は σ^2 の不偏推定量となる. $\bar{X} - \bar{Y}$ は正規分布 $N\left(\mu_x - \mu_y, \left(\frac{1}{m} + \frac{1}{n}\right)\sigma^2\right)$ に従うので, t 分布の性質より

$$\frac{\bar{X} - \bar{Y} - (\mu_x - \mu_y)}{\sqrt{\left(\frac{1}{m} + \frac{1}{n}\right)\sigma^2}} \Bigg/ \sqrt{\frac{\frac{(m-1)U_x^2 + (n-1)U_y^2}{\sigma^2}}{m+n-2}} = \frac{\bar{X} - \bar{Y} - (\mu_x - \mu_y)}{\sqrt{\widehat{\sigma}^2 \left(\frac{1}{m} + \frac{1}{n}\right)}}$$

は自由度 $m+n-2$ の t 分布 t_{m+n-2} に従い, 適当な α $(0 < \alpha < 1)$ に対して

$$1 - \alpha = P\left\{ -t_{m+n-2}(\alpha/2) \leq \frac{\bar{X} - \bar{Y} - (\mu_x - \mu_y)}{\sqrt{\widehat{\sigma}^2 \left(\frac{1}{m} + \frac{1}{n}\right)}} \leq t_{m+n-2}(\alpha/2) \right\}$$

が成り立つ. 右辺 { } 内の不等式を $\mu_x - \mu_y$ について解くと

$$\bar{X} - \bar{Y} - t_{m+n-2}(\alpha/2)\sqrt{\widehat{\sigma}^2 \left(\frac{1}{m} + \frac{1}{n}\right)} \leq \mu_x - \mu_y$$

$$\leq \bar{X} - \bar{Y} + t_{m+n-2}(\alpha/2)\sqrt{\widehat{\sigma}^2\left(\frac{1}{m} + \frac{1}{n}\right)}$$

となり，$\mu_x - \mu_y$ についての $100(1 - \alpha)$%信頼区間を構成できる．

例 5.17 例 5.15 と同様の投薬試験を行い，以下の結果が得られたとする．

新 薬	118	119	125	120	120	125	121	116	118	119		
従来薬	134	131	131	130	128	135	131	124	132	129	127	129

　新薬を使用した集団と従来薬を使用した集団がそれぞれ独立に正規分布 $N(\mu_x, \sigma^2)$ と $N(\mu_y, \sigma^2)$ に従うことがわかっているものとし，母平均の差 $\mu_x - \mu_y$ の 95%信頼区間を構成する．

　このとき，新薬を使用した集団の標本平均は 120.100，従来薬を使用した集団の標本平均は 130.083 である．また，新薬を使用した集団の不偏分散は 8.544，従来薬を使用した集団の不偏分散は 8.992 となるので，σ^2 の (合併) 推定量は

$$\widehat{\sigma}^2 = \frac{9 \times 8.544 + 11 \times 8.992}{10 + 12 - 2} = 8.790$$

となる．したがって，$\mu_x - \mu_y$ の 95%信頼区間は

$$120.100 - 130.083 - t_{20}(0.05/2)\sqrt{8.790 \times \left(\frac{1}{10} + \frac{1}{12}\right)}$$

$$\leq \mu_x - \mu_y$$

$$\leq 120.100 - 130.083 + t_{20}(0.05/2)\sqrt{8.790 \times \left(\frac{1}{10} + \frac{1}{12}\right)}$$

であり，$-12.631 \leq \mu_x - \mu_y \leq -7.335$ となる．

問題 5.18 例 5.17 について，母平均の差 $\mu_x - \mu_y$ の 90%信頼区間を求めよ．ただし，$\sqrt{8.790 \times \left(\frac{1}{10} + \frac{1}{12}\right)} = 1.2694$ としてよい．

5.3.4 対応のない正規分布の母平均の差の推定 (母分散が未知) **

　5.3.3 項と同様の状況において，$\sigma_x^2 = \sigma_y^2$ と仮定できない場合の正規分布の母平均の差 $\mu_x - \mu_y$ の区間推定を考える．このとき，正確な信頼区間の構成

はできず，ウェルチの近似法がよく用いられる．

不偏分散 U_x^2 と U_y^2 に対して

$$k = \frac{\left(\frac{U_x^2}{m} + \frac{U_y^2}{n}\right)^2}{\frac{(U_x^2/m)^2}{m-1} + \frac{(U_y^2/n)^2}{n-1}}$$

とする．また，(5.2) において，σ_x^2 と σ_y^2 に不偏推定量 U_x^2 と U_y^2 を代入すると

$$\frac{\bar{X} - \bar{Y} - (\mu_x - \mu_y)}{\sqrt{\frac{U_x^2}{m} + \frac{U_y^2}{n}}}$$

となるが，これは自由度 k の t 分布 t_k で近似できる．よって，適当な α $(0 < \alpha < 1)$ に対して

$$1 - \alpha = P\left\{ -t_k(\alpha/2) \leq \frac{\bar{X} - \bar{Y} - (\mu_x - \mu_y)}{\sqrt{\frac{U_x^2}{m} + \frac{U_y^2}{n}}} \leq t_k(\alpha/2) \right\}$$

が成り立ち，右辺 { } 内の不等式を $\mu_x - \mu_y$ について解くと

$$\bar{X} - \bar{Y} - t_k(\alpha/2)\sqrt{\frac{U_x^2}{m} + \frac{U_y^2}{n}} \leq \mu_x - \mu_y$$
$$\leq \bar{X} - \bar{Y} + t_k(\alpha/2)\sqrt{\frac{U_x^2}{m} + \frac{U_y^2}{n}}$$

となり，この区間が $\mu_x - \mu_y$ についての $100(1 - \alpha)$%信頼区間である．

5.3.5 正規分布の母分散の比の推定 **

$X_1, \ldots, X_m$ はそれぞれ独立に正規分布 $N(\mu_x, \sigma_x^2)$ に従い，$Y_1, \ldots, Y_n$ はそれぞれ独立に正規分布 $N(\mu_y, \sigma_y^2)$ に従うものとする．また，$(X_1, \ldots, X_m)$ と $(Y_1, \ldots, Y_n)$ は独立であるとする．このとき，母分散の比 $\dfrac{\sigma_y^2}{\sigma_x^2}$ の区間推定を考えよう．

σ_x^2 の不偏推定量 U_x^2 と σ_y^2 の不偏推定量 U_y^2 の比に着目すると，F 分布の性質より

$$\frac{\sigma_y^2}{\sigma_x^2} \times \frac{U_x^2}{U_y^2}$$

は，自由度 $(m-1, n-1)$ の F 分布 $F_{m-1,n-1}$ に従う．したがって，適当な α $(0 < \alpha < 1)$ に対して

$$1 - \alpha = P\left\{ F_{m-1,n-1}(1 - \alpha/2) \leq \frac{\sigma_y^2}{\sigma_x^2} \times \frac{U_x^2}{U_y^2} \leq F_{m-1,n-1}(\alpha/2) \right\}$$

が成り立つ．右辺 { } 内の不等式を $\dfrac{\sigma_y^2}{\sigma_x^2}$ について解くと

$$\frac{F_{m-1,n-1}(1 - \alpha/2)}{U_x^2/U_y^2} \leq \frac{\sigma_y^2}{\sigma_x^2} \leq \frac{F_{m-1,n-1}(\alpha/2)}{U_x^2/U_y^2}$$

となり，$\dfrac{\sigma_y^2}{\sigma_x^2}$ についての $100(1 - \alpha)\%$信頼区間を構成できる．

例 5.19　ある試料のアルコール濃度 (%) を機器 A を使用して 10 回，機器 B を使用して 8 回測定したところ以下の結果が得られたとする．

機器 A	4.950	5.013	4.992	5.089	5.012	5.032	4.942	5.071	4.917	4.964
機器 B	5.045	5.048	4.899	5.370	5.062	4.985	4.806	5.255		

　機器 A を用いた測定と機器 B を用いた測定はそれぞれ独立に正規分布 $N(\mu_x, \sigma_x^2)$ と $N(\mu_y, \sigma_y^2)$ に従うものとする．機器 A, B の測定精度の違いを推定するために，母分散の比 $\dfrac{\sigma_y^2}{\sigma_x^2}$ を推定しよう．

　このとき，機器 A を用いた測定の不偏分散は 0.003，機器 B を用いた測定の不偏分散は 0.033 となる．母分散の比 $\dfrac{\sigma_y^2}{\sigma_x^2}$ の 95%信頼区間を考えると

$$\frac{F_{9,7}(1 - 0.05/2)}{\frac{0.003}{0.033}} \leq \frac{\sigma_y^2}{\sigma_x^2} \leq \frac{F_{9,7}(0.05/2)}{\frac{0.003}{0.033}}$$

$$\Longleftrightarrow \quad 2.619 \leq \frac{\sigma_y^2}{\sigma_x^2} \leq 53.020$$

となる．

問題 5.20　例 5.19 について，母分散の比 $\dfrac{\sigma_y^2}{\sigma_x^2}$ の 90%信頼区間を求めよ．

5.3.6 母比率の差の推定 **

母比率 (成功確率) が p_1 の独立なベルヌーイ試行を m 回行い, その成功回数を X とする. それとは独立に母比率が p_2 の独立なベルヌーイ試行を n 回行い, その成功回数を Y とする. このとき, X と Y はそれぞれ二項分布 $B_N(m, p_1)$ と $B_N(n, p_2)$ に従うものとし, 母比率の差 $p_1 - p_2$ の区間推定を考える. ここで, p_1 の最尤推定量は $\widehat{p}_{1,m} = \dfrac{X}{m}$ であり, p_2 の最尤推定量は $\widehat{p}_{2,n} = \dfrac{Y}{n}$ である.

以下, m と n が十分に大きい場合を考える. 5.2.4 項と同様にして, 最尤推定量 $\widehat{p}_{1,m}$ と $\widehat{p}_{2,n}$ はそれぞれ近似的に正規分布 $N\big(p_1, \frac{1}{m}p_1(1-p_1)\big)$ と $N\big(p_2, \frac{1}{n}p_2(1-p_2)\big)$ に従う. したがって, p_1 の推定量と p_2 の推定量の差 $\widehat{p}_{1,m} - \widehat{p}_{2,n}$ は, 近似的に正規分布 $N\big(p_1 - p_2, \frac{1}{m}p_1(1-p_1) + \frac{1}{n}p_2(1-p_2)\big)$ に従うといえる. 標準化により

$$\frac{\widehat{p}_{1,m} - \widehat{p}_{2,n} - (p_1 - p_2)}{\sqrt{\frac{1}{m}p_1(1-p_1) + \frac{1}{n}p_2(1-p_2)}}$$

は近似的に標準正規分布に従い, 適当な α $(0 < \alpha < 1)$ に対して

$$1 - \alpha = P\left\{ -z_{\alpha/2} \leq \frac{\widehat{p}_{1,m} - \widehat{p}_{2,n} - (p_1 - p_2)}{\sqrt{\frac{1}{m}p_1(1-p_1) + \frac{1}{n}p_2(1-p_2)}} \leq z_{\alpha/2} \right\}$$

が成り立つ. m, n が十分に大きいので, 分母の p_1 と p_2 を推定量 $\widehat{p}_{1,m}$ と $\widehat{p}_{2,n}$ に置き換え, 右辺 { } 内の不等式を $p_1 - p_2$ について解くと

$$\widehat{p}_{1,m} - \widehat{p}_{2,n} - z_{\alpha/2}\sqrt{\frac{1}{m}\widehat{p}_{1,m}(1-\widehat{p}_{1,m}) + \frac{1}{n}\widehat{p}_{2,n}(1-\widehat{p}_{2,n})}$$

$$\leq p_1 - p_2$$

$$\leq \widehat{p}_{1,m} - \widehat{p}_{2,n} + z_{\alpha/2}\sqrt{\frac{1}{m}\widehat{p}_{1,m}(1-\widehat{p}_{1,m}) + \frac{1}{n}\widehat{p}_{2,n}(1-\widehat{p}_{2,n})}$$

となり, この区間が $p_1 - p_2$ についての $100(1 - \alpha)$%信頼区間である.

> **例 5.21**　ある調査を行うためにアンケートを行った．Web による返答を求めたところ 500 人中 380 人の回答が得られ，郵送による返答を求めたところ 500 人中 310 人の回答が得られたとする．Web の場合の回答率を p_1，郵送の場合の回答率を p_2 とし，回答率の差 $p_1 - p_2$ について 95%信頼区間を考えてみよう．
>
> 　このとき，p_1 の推定量は $\widehat{p}_{1,500} = \frac{380}{500} = \frac{19}{25}$ であり，p_2 の推定量は $\widehat{p}_{2,500} = \frac{310}{500} = \frac{31}{50}$ である．したがって，回答率の差の 95%信頼区間は
>
> $$\frac{19}{25} - \frac{31}{50} - z_{0.05/2}\sqrt{\frac{1}{500}\frac{19}{25}\left(1 - \frac{19}{25}\right) + \frac{1}{500}\frac{31}{50}\left(1 - \frac{31}{50}\right)}$$
>
> $$\leq p_1 - p_2$$
>
> $$\leq \frac{19}{25} - \frac{31}{50} + z_{0.05/2}\sqrt{\frac{1}{500}\frac{19}{25}\left(1 - \frac{19}{25}\right) + \frac{1}{500}\frac{31}{50}\left(1 - \frac{31}{50}\right)}$$
>
> であり，$0.083 \leq p_1 - p_2 \leq 0.197$ となる．

5.4　統計的仮説検定 (1 標本)

　次の問題を考えてみよう．

(1) ある製品の重量は 200 g であるとされている．同製品のための新しい製造ラインを作り，このラインが問題なく動作しているかを調べたい．そこで，新しいラインで製造された製品の重量 (μ) を測定し，200 g になっているかどうかを考える．

(2) 新薬を投与した被験者の血圧 (μ_1) と従来薬を投与した被験者の血圧 (μ_2) を測定し，これらの薬が血圧に与える効果に違いがあるかどうかを考える．

　これらは，前節までで扱っていたような母数やパラメータの値そのものを求める問題ではなく，「○○である」，「○○ではない」といった 2 つの仮説に対してどちらが正しいと考えられるかを推測する問題とみなすことができる．このような問題に対応するための方法が**統計的仮説検定**である．

　統計的仮説検定の具体的な構成については後ほど解説するとし，基本的な構造について説明する．仮説検定においては，**帰無仮説** H_0，**対立仮説** H_1 という 2 つの仮説を想定する．一般に，帰無仮説は考察の対象が "ある値と一致す

る (差がない) 状態"を表し，対立仮説は考察の対象が "ある値と一致しない (差がある) 状態"を表す．例えば，(1) の問題では「帰無仮説 H_0: $\mu = 200$，対立仮説 H_1: $\mu \neq 200$」と想定でき，(2) の問題では「帰無仮説 H_0: $\mu_1 = \mu_2$，対立仮説 H_1: $\mu_1 \neq \mu_2$」と想定できる．対立仮説には 3 種類あり，H_1: $\mu \neq 200$ の他に，H_1: $\mu > 200$ や H_1: $\mu < 200$ といった仮説を考えることができる．H_1: $\mu \neq 200$ とした場合を**両側仮説**，H_1: $\mu > 200$ とした場合を**右側仮説**，H_1: $\mu < 200$ とした場合を**左側仮説**とよぶ．右側仮説と左側仮説をまとめて**片側仮説**という．また，対立仮説が両側仮説の場合の検定を**両側検定**，対立仮説が片側仮説の場合の検定を**片側検定**とよぶ．考えたい問題に応じて，3 種類の対立仮説のうちのいずれかを設定する．例えば，(2) の問題に関して，2 つの薬に違いがあるかどうかを検証したければ両側仮説，従来薬よりも新薬のほうが効果があるかどうか (または，新薬よりも従来薬のほうが効果があるかどうか) を検証したければ片側仮説を設定すればよい．

　仮説検定は，想定した帰無仮説 H_0 と対立仮説 H_1 のうちどちらが正しいとみなせるかを検証するものであるが，その判断は H_0 が棄却されるか否かによって行われる．まず，適当な α $(0 < \alpha < 1)$ を決定したうえでデータを取得し，考察の対象に関する $100(1 - \alpha)$％信頼区間 (または検定統計量) を導出する．α は**有意水準**とよばれ，区間推定と同様に $\alpha = 0.10$ や $\alpha = 0.05$，$\alpha = 0.01$ などを与える．ここで，H_0 が正しいと仮定したときに，導出した信頼区間の不等式が成立しない (H_0 で想定している値が信頼区間に含まれない) 場合を考えてみよう．信頼区間の性質を考慮すると，H_0 のもとでは滅多に起きないデータが観測されたために不等式が成立しないとみなせる．しかし，検定という枠組みにおいては，より根源的なこととして，正しいと仮定した仮説 H_0 の正当性に疑いを向ける．これが，帰無仮説 H_0 の**棄却**である．帰無仮説 H_0 が棄却されるという結果が得られた場合は，対立仮説 H_1 が H_0 に比べてより妥当なものとみなせる (対立仮説 H_1 を**受諾**するという)．逆に，導出した信頼区間の不等式が成立する (H_0 で想定している値が信頼区間に含まれる) 場合は，H_0 は棄却されない．H_0 が棄却されないという結果が得られた場合は，あくまで棄却という判断ができなかった (棄却するだけの証拠が足りなかった) だけであり，H_0 が正しいとまで主張することはできないことに注意が必要である．

表 5.1　2 種類の過り

受諾	正しい仮説	
	H_0	H_1
H_0	正しい判断	第 2 種の過誤: β
H_1	第 1 種の過誤: α	正しい判断: $1 - \beta$ (検出力)

　ここまで説明してきた方法で仮説検定を行う際には，2 種類の誤りが起こる可能性がある．一つが

「帰無仮説 H_0 が正しいときに H_0 が棄却される誤り」，

もう一つが

「対立仮説 H_1 が正しいときに帰無仮説 H_0 が棄却されない誤り」

である．前者の誤りを**第 1 種の過誤** (または**生産者危険**) といい，後者の誤りを**第 2 種の過誤** (または**消費者危険**) という．有意水準 α は第 1 種の過誤の確率を表している．また，第 2 種の過誤の確率を β で表すと，対立仮説が正しいときに対立仮説が受諾される (帰無仮説が棄却される) 確率は $1 - \beta$ で表される．この $1 - \beta$ を**検出力**といい，検定手法の性能を表すと考えられる．以上の関係を表 5.1 にまとめておく．過誤の確率 α と β を両方とも小さくすることができればよいが，一般に一方の確率を小さくすると他方の確率は大きくなる．そこで，第 1 種の過誤の確率 (有意水準) α を定めたもとで，第 2 種の過誤の確率を小さくするような手法を考える．上で述べた仮説検定の方法は，このような意味で標準的なものとなっている．

　以下では，具体的な状況における統計的仮説検定の構成を紹介する．

5.4.1　正規分布の母平均の検定 (母分散が既知)

　$X_1, \ldots, X_n$ を観測値を表す確率変数とし，それぞれ独立に正規分布 $N(\mu, \sigma^2)$ に従うものとする．また，母分散 σ^2 と μ_0 は既知であるものとする．

　(1) 両側検定　　母平均 $\mu = \mu_0$ であるかどうかの検定

$$\begin{cases} H_0 : \mu = \mu_0 \\ H_1 : \mu \neq \mu_0 \end{cases}$$

を考えよう．5.2.1 項と同様にして，有意水準 α に対して，母平均 μ についての $100(1 - \alpha)\%$信頼区間は

$$-z_{\alpha/2} \leq \frac{\sqrt{n}(\bar{X} - \mu)}{\sigma} \leq z_{\alpha/2} \tag{5.3}$$

から導かれる区間

$$\bar{X} - z_{\alpha/2}\frac{\sigma}{\sqrt{n}} \leq \mu \leq \bar{X} + z_{\alpha/2}\frac{\sigma}{\sqrt{n}} \tag{5.4}$$

となる ($z_{\alpha/2}$ については図 4.9 参照). (5.4) に帰無仮説 $H_0: \mu = \mu_0$ をあてはめ，不等式が成り立つかどうかを確かめる．不等式が成り立たない場合，この帰無仮説が棄却されることになる．

一方，(5.3) について，$\dfrac{\sqrt{n}(\bar{X} - \mu)}{\sigma}$ に帰無仮説 $H_0: \mu = \mu_0$ を代入した値

$$Z_0 = \frac{\sqrt{n}(\bar{X} - \mu_0)}{\sigma} \tag{5.5}$$

を求め，不等式 $-z_{\alpha/2} \leq Z_0 \leq z_{\alpha/2}$ が成り立つかどうかで帰無仮説が棄却されるか否かを判断することもできる．Z_0 が

$$|Z_0| > z_{\alpha/2}$$

となるとき ($Z_0 < -z_{\alpha/2}$ または $z_{\alpha/2} < Z_0$ のとき)，上記の不等式は成り立たず帰無仮説が棄却される．この Z_0 のような検定に使用される値を**検定統計量**とよび，$|Z_0| > z_{\alpha/2}$ のように帰無仮説を棄却する範囲を**棄却域**という．

(2) 片側検定　　対立仮説として右側仮説を想定した検定

$$\begin{cases} H_0 : \mu = \mu_0 \\ H_1 : \mu > \mu_0 \end{cases}$$

を考えよう．検定統計量 (5.5) に着目すると，帰無仮説 $H_0: \mu = \mu_0$ のもとでは

$$Z_0 = \frac{\sqrt{n}(\bar{X} - \mu_0)}{\sigma}$$

は標準正規分布 $N(0, 1)$ に従う．また，

$$Z_0 = \frac{\sqrt{n}(\bar{X} - \mu_0)}{\sigma} = \frac{\sqrt{n}(\bar{X} - \mu)}{\sigma} + \frac{\sqrt{n}(\mu - \mu_0)}{\sigma}$$

と書けるので，対立仮説 $H_1: \mu > \mu_0$ のもとでの Z_0 は，標準正規分布に従う確率変数 $\dfrac{\sqrt{n}(\bar{X} - \mu)}{\sigma}$ に正の定数 $\dfrac{\sqrt{n}(\mu - \mu_0)}{\sigma}$ を加えたものとみなせる．つまり，帰無仮説のもとでの Z_0 と対立仮説のもとでの Z_0 を比較すると，対立仮説の場合のほうが右 (正の方向) にずれる傾向がある．したがって，Z_0 が大

きすぎるときに帰無仮説を棄却すればよいと考えられ, 棄却域を

$$Z_0 > z_\alpha$$

とする. 対立仮説が左側仮説 (H_1: $\mu < \mu_0$) の場合も同様にして, 棄却域を

$$Z_0 < -z_\alpha$$

とすればよい.

例 5.22 ある工場で製造している部品の重量は 5 g であるとされている. 品質を検査するため, 製造された部品の中から無作為に 10 個を選び重量を測定したところ, その平均値が 4.93 g であったとする. 部品の重量が正規分布 $N(\mu, 0.01)$ に従うことがわかっている場合, この工場で製造された部品の重量は 5 g といえるか考えてみよう.

このとき, 両側仮説

$$\begin{cases} H_0 : \mu = 5 \\ H_1 : \mu \neq 5 \end{cases}$$

について検定すればよく, 有意水準は $\alpha = 0.05$ としておく. 検定統計量 Z_0 を求めると

$$Z_0 = \frac{\sqrt{10}(4.93 - 5)}{\sqrt{0.01}} = -2.214$$

となる. また, 有意水準 $\alpha = 0.05$ のとき, $z_{\alpha/2} = z_{0.025} = 1.96$ であるので, $|Z_0| > z_{0.025}$ となり, 検定統計量が棄却域に含まれる. したがって, 帰無仮説 H_0: $\mu = 5$ は棄却され, 対立仮説 H_1: $\mu \neq 5$ が受諾される. つまり, この工場で製造された部品の重量は 5 g ではないと考えられる.

問題 5.23 あるメーカーの牛乳は内容量が 500 ml であると記載されている. この牛乳 9 本の内容量 (ml) を調べ, 以下の結果が得られたとする.

499.8	500.1	499.9	499.8	500.0	499.9	499.7	499.8	500.1

また, これらのデータは正規分布 $N(\mu, 0.02)$ に従っていると仮定する. このとき, この牛乳の内容量は 500 ml より少ないといえるか, 有意水準 5% で検定せよ.

次項以降に関して, 検定統計量の構成や棄却域の構成は本項と同様に考えることができる.

5.4.2 正規分布の母平均の検定 (母分散が未知)

$X_1, \ldots, X_n$ を観測値を表す確率変数とし, それぞれ独立に正規分布 $N(\mu, \sigma^2)$ に従うものとする. また, 母平均 μ と母分散 σ^2 は未知であるとする. ここで, μ_0 はあらかじめ想定していた値とし, 母平均 μ に関する両側検定

$$\begin{cases} H_0 : \mu = \mu_0 \\ H_1 : \mu \neq \mu_0 \end{cases}$$

を考えよう. 有意水準を α とすると, 母平均 μ についての $100(1-\alpha)$%信頼区間は

$$-t_{n-1}(\alpha/2) \leq \frac{\sqrt{n}(\bar{X} - \mu)}{\sqrt{U^2}} \leq t_{n-1}(\alpha/2)$$

から導かれる (5.2.2 項). このとき, 検定統計量は

$$T_0 = \frac{\sqrt{n}(\bar{X} - \mu_0)}{\sqrt{U^2}}$$

で与えられ, この両側検定の棄却域は

$$|T_0| > t_{n-1}(\alpha/2)$$

となる.

また, 対立仮説が右側仮説 H_1: $\mu > \mu_0$ の場合の棄却域は

$$T_0 > t_{n-1}(\alpha)$$

となり, 左側仮説 H_1: $\mu < \mu_0$ の場合の棄却域は

$$T_0 < -t_{n-1}(\alpha)$$

となる.

例 5.24 あるメーカーから販売されている塩を無作為に 10 パック選び, その内容量 (g) を測定したところ

200.0	199.9	199.9	200.1	199.9	200.0	199.9	200.0	199.9	199.9

が得られたとする. この塩の内容量は $200\,\mathrm{g}$ と印字されている. 塩の内容量が正規分布 $N(\mu, \sigma^2)$ に従うことがわかっている場合, このメーカーから販売されている塩の内容量は $200\,\mathrm{g}$ より少ないといえるかを考えよう.

このとき, 片側仮説

$$\begin{cases} H_0 : \mu = 200 \\ H_1 : \mu < 200 \end{cases}$$

について検定すればよく，有意水準は $\alpha = 0.05$ としておく．標本平均と不偏分散はそれぞれ 199.95 と 0.005 であるので，検定統計量 T_0 を求めると

$$T_0 = \frac{\sqrt{10}(199.95 - 200)}{\sqrt{0.005}} = -2.236$$

となる．また，有意水準 $\alpha = 0.05$ のとき，$t_{10-1}(\alpha) = t_9(0.05) = 1.8331$ である．$T_0 < -t_9(0.05)$ となり検定統計量が棄却域に含まれるので，帰無仮説 H_0: $\mu = 200$ は棄却され，対立仮説 H_1: $\mu < 200$ が受諾される．よって，このメーカーから販売されている塩の内容量は $200\,\mathrm{g}$ より少ないと考えられる．

問題 5.25 ある試料に含まれる成分 S の含有量 (%) を新測定器を用いて 9 回測定し，標本平均 9.950，標本分散 0.012 が得られたとする．また，この測定器による測定結果は正規分布に従っているものとする．この試料に含まれる成分 S が 10% のとき，この新測定器は，成分 S の含有量を平均の意味で正しく測定できているといえるか，有意水準 10% で検定せよ．

5.4.3 正規分布の母分散の検定 *

$X_1, \ldots, X_n$ を観測値を表す確率変数とし，それぞれ独立に正規分布 $N(\mu, \sigma^2)$ に従うものとする．また，母平均 μ も母分散 σ^2 も未知であるとする．このとき，σ_0^2 をあらかじめ想定していた値とし，母分散 σ^2 に関する両側検定

$$\begin{cases} H_0 : \sigma^2 = \sigma_0^2 \\ H_1 : \sigma^2 \neq \sigma_0^2 \end{cases}$$

を考えよう．有意水準を α とすると，母分散 σ^2 についての $100(1-\alpha)\%$ 信頼区間は

$$\chi_{n-1}^2(1 - \alpha/2) \leq \frac{n-1}{\sigma^2}U^2 \leq \chi_{n-1}^2(\alpha/2)$$

から導かれる (5.2.3 項)．このとき，検定統計量は

$$\chi_0^2 = \frac{n-1}{\sigma_0^2}U^2$$

で与えられる．したがって，母分散 σ^2 についての両側検定における棄却域は

$$\chi_0^2 < \chi_{n-1}^2(1 - \alpha/2), \quad \text{または} \quad \chi_0^2 > \chi_{n-1}^2(\alpha/2)$$

となる．

また，対立仮説が右側仮説 $H_1: \sigma^2 > \sigma_0^2$ の場合の棄却域は

$$\chi_0^2 > \chi_{n-1}^2(\alpha)$$

となり，対立仮説が左側仮説 $H_1: \sigma^2 < \sigma_0^2$ の場合の棄却域は

$$\chi_0^2 < \chi_{n-1}^2(1-\alpha)$$

である.

例 5.26 例 5.24 について，販売されている塩のパックの内容量 (g) のばらつきが 0.1 g より大きいといえるかを考えよう.

このとき，片側仮説

$$\begin{cases} H_0 : \sigma^2 = 0.1^2 \\ H_1 : \sigma^2 > 0.1^2 \end{cases}$$

について検定すればよく，有意水準は $\alpha = 0.05$ としておく．不偏分散が 0.005 であるので，検定統計量 χ_0^2 を求めると

$$\chi_0^2 = \frac{9}{0.1^2} \times 0.005 = 4.5$$

となる．また，有意水準 $\alpha = 0.05$ のとき，$\chi_{10-1}^2(\alpha) = \chi_9^2(0.05) = 16.919$ である．$\chi_0^2 < \chi_9^2(0.05)$ となり検定統計量が棄却域に含まれないので，帰無仮説 $H_0: \sigma^2 = 0.1^2$ は棄却されず，内容量のばらつきは 0.1 g より大きいとはいえない.

問題 5.27 ある試料に含まれる成分 S の含有量 (%) を新測定器を用いて 9 回測定し，標本平均 9.950，標本分散 0.012 が得られたとする．また，この測定器による測定結果は正規分布に従っているものとする．測定器の精度として標準偏差 (誤差) 0.2 以下が求められているとき，新測定器はこの要求を満たしているといえるか，有意水準 10% で検定せよ.

5.4.4　母比率の検定 **

母比率 (成功確率) が p の独立なベルヌーイ試行を n 回行い，その成功回数を X とする．試行回数 n は十分に大きいものとし，p に関する両側検定

$$\begin{cases} H_0 : p = p_0 \\ H_1 : p \neq p_0 \end{cases}$$

を考えよう. ここで, p_0 は既知である. 有意水準を α とすると, 母比率 p についての $100(1-\alpha)$%信頼区間は

$$-z_{\alpha/2} \leq \frac{X - np}{\sqrt{np(1-p)}} \leq z_{\alpha/2}$$

から導かれる (5.2.4 項). このとき, 検定統計量は

$$Z_0 = \frac{X - np_0}{\sqrt{np_0(1-p_0)}}$$

で与えられ, この両側検定における棄却域は

$$|Z_0| > z_{\alpha/2}$$

となる.

また, 対立仮説が右側仮説 $H_1\colon p > p_0$ の場合の棄却域は

$$Z_0 > z_\alpha$$

となり, 左側仮説 $H_1\colon p < p_0$ の場合の棄却域は

$$Z_0 < -z_\alpha$$

である.

例 **5.28** ある選挙において, 候補者 A 氏を支持するか否かについて 2000 人に対してアンケートを行い, 840 人が支持すると回答した. 過去の情報より, 40% の人が支持している場合に当選できると考えられている. 候補者 A 氏は当選できるといえるかを考えてみよう.

このとき, 片側仮説

$$\begin{cases} H_0 : p = 0.4 \\ H_1 : p > 0.4 \end{cases}$$

について検定すればよく, 有意水準は $\alpha = 0.05$ としておく. 検定統計量 Z_0 を求めると

$$Z_0 = \frac{840 - 2000 \times 0.4}{\sqrt{2000 \times 0.4 \times 0.6}} = 1.826$$

となる. また, 有意水準 $\alpha = 0.05$ のとき, $z_\alpha = z_{0.05} = 1.645$ であり, $Z_0 > z_{0.05}$ となる. 検定統計量が棄却域に含まれるので, 帰無仮説 $H_0\colon p = 0.4$ が棄却され, 対立仮説 $H_1\colon p > 0.4$ が受諾される. したがって, 候補者 A 氏は当選できると考えられる.

5.5　統計的仮説検定 (2 標本)

　本節では，2 標本問題における統計的仮説検定の構成について紹介する．基本的な構成や考え方は 1 標本における仮説検定と同じである．

5.5.1　対応のある正規分布の母平均の差の検定 (母分散が未知)

　$X_1, \ldots, X_n$ と $Y_1, \ldots, Y_n$ は対応のある標本とする．また，$X_1, \ldots, X_n$ と $Y_1, \ldots, Y_n$ はそれぞれ独立に正規分布 $N(\mu_x, \sigma_x^2)$ と $N(\mu_y, \sigma_y^2)$ に従うことがわかっているとする (σ_x^2, σ_y^2 は未知)．ここで，2 つの母平均 μ_x と μ_y に差があるかを検証するために，母平均の差 $\mu_x - \mu_y$ に関する両側検定

$$\begin{cases} H_0 : \mu_x = \mu_y \\ H_1 : \mu_x \neq \mu_y \end{cases} \iff \begin{cases} H_0 : \mu_x - \mu_y = 0 \\ H_1 : \mu_x - \mu_y \neq 0 \end{cases}$$

を考えよう．有意水準を α とすると，5.2.2 項および 5.3.1 項と同様にして，母平均の差 $\mu_x - \mu_y$ についての $100(1 - \alpha)\%$ 信頼区間は

$$-t_{n-1}(\alpha/2) \leq \frac{\sqrt{n}\{\bar{D} - (\mu_x - \mu_y)\}}{\sqrt{U_d^2}} \leq t_{n-1}(\alpha/2)$$

から導かれる．$\bar{D}$ と U_d^2 はそれぞれ標本の差 ($X_i - Y_i$, $i = 1, \ldots, n$) についての標本平均と不偏分散を表している．このとき，統計検定量は

$$T_0 = \frac{\sqrt{n}\bar{D}}{\sqrt{U_d^2}}$$

で与えられる．よって，母平均の差 $\mu_x - \mu_y$ についての両側検定における棄却域は

$$|T_0| > t_{n-1}(\alpha/2)$$

となる．

　また，対立仮説が右側仮説 $H_1\colon \mu_x > \mu_y$ ($\mu_x - \mu_y > 0$) の場合の棄却域は

$$T_0 > t_{n-1}(\alpha)$$

となり，左側仮説 $H_1\colon \mu_x < \mu_y$ ($\mu_x - \mu_y < 0$) の場合の棄却域は

$$T_0 < -t_{n-1}(\alpha)$$

となる．

　例 5.29　無作為に選ばれた 10 人の対象者 (A〜J) の身長 (cm) を朝と夕方に測定したところ以下のデータが得られたとする．

	A	B	C	D	E	F	G	H	I	J
朝	166.1	170.2	168.7	167.3	156.3	178.6	181.8	163.9	159.3	172.4
夕方	166.1	170.2	168.6	167.3	156.3	178.6	181.7	163.9	159.2	172.4
差 (朝 − 夕方)	0	0	0.1	0	0	0	0.1	0	0.1	0

朝の身長と夕方の身長がそれぞれ正規分布 $N(\mu_x, \sigma_x^2)$ と $N(\mu_y, \sigma_y^2)$ に従うことがわかっているとき, 朝の身長のほうが夕方の身長より高いといえるか考えてみよう.

このとき, 母平均の差 $\mu_x - \mu_y$ に関する片側仮説

$$\begin{cases} H_0 : \mu_x = \mu_y \\ H_1 : \mu_x > \mu_y \end{cases}$$

について検定すればよく, 有意水準は $\alpha = 0.05$ としておく. 朝と夕方の身長の差の標本平均と不偏分散がそれぞれ 0.03 と 0.0023 であるので, 検定統計量 T_0 は

$$T_0 = \frac{\sqrt{10} \times 0.03}{\sqrt{0.0023}} = 1.9781$$

となる. また, 有意水準 $\alpha = 0.05$ のとき, $t_{10-1}(\alpha) = t_9(0.05) = 1.8331$ である. $T_0 > t_9(0.05)$ となり検定統計量が棄却域に含まれるので, 帰無仮説 H_0: $\mu_x = \mu_y$ が棄却され, 対立仮説 H_1: $\mu_x > \mu_y$ が受諾される. よって, 朝の身長のほうが夕方の身長より高いと考えられる.

問題 5.30 ある運動の心臓への影響を調査するために, 9 人 (A〜I) を無作為に選び運動の前後における 1 分間の脈拍 (回) を測定した. その結果, 運動前後の脈拍の差 (運動前の脈拍 − 運動後の脈拍) として下表のデータが得られたとする. 運動前の脈拍と運動後の脈拍がそれぞれ正規分布 $N(\mu_x, \sigma_x^2)$ と $N(\mu_y, \sigma_y^2)$ に従っていると仮定する. このとき, 運動後の脈拍のほうが運動前よりも高くなっているといえるか, 有意水準 5% で検定せよ.

A	B	C	D	E	F	G	H	I
−1	0	1	−1	0	−1	−2	−4	−1

5.5.2 対応のない正規分布の母平均の差の検定 (母分散が既知)

$X_1, \dots, X_m$ はそれぞれ独立に正規分布 $N(\mu_x, \sigma_x^2)$ に従い, $Y_1, \dots, Y_n$ はそれぞれ独立に正規分布 $N(\mu_y, \sigma_y^2)$ に従うものとする. また, $(X_1, \dots, X_m)$ と $(Y_1, \dots, Y_n)$ は独立であり, 母分散 σ_x^2 と σ_y^2 は既知とする. ここで, 2 つ

の母平均 μ_x と μ_y に差があるかを検証するために，母平均の差 $\mu_x - \mu_y$ に関する両側検定

$$\begin{cases} H_0 : \mu_x = \mu_y \\ H_1 : \mu_x \neq \mu_y \end{cases} \quad \Longleftrightarrow \quad \begin{cases} H_0 : \mu_x - \mu_y = 0 \\ H_1 : \mu_x - \mu_y \neq 0 \end{cases}$$

を考えよう．有意水準を α とすると，母平均の差 $\mu_x - \mu_y$ についての $100(1-\alpha)\%$ 信頼区間は

$$-z_{\alpha/2} \leq \frac{\bar{X} - \bar{Y} - (\mu_x - \mu_y)}{\sqrt{\frac{\sigma_x^2}{m} + \frac{\sigma_y^2}{n}}} \leq z_{\alpha/2}$$

から導かれる (5.3.2 項)．このとき，検定統計量は

$$Z_0 = \frac{\bar{X} - \bar{Y}}{\sqrt{\frac{\sigma_x^2}{m} + \frac{\sigma_y^2}{n}}}$$

で与えられ，この両側検定における棄却域は

$$|Z_0| > z_{\alpha/2}$$

となる．

また，対立仮説が右側仮説 $H_1 : \mu_x > \mu_y \ (\mu_x - \mu_y > 0)$ の場合の棄却域は

$$Z_0 > z_\alpha$$

となり，対立仮説が左側仮説 $H_1 : \mu_x < \mu_y \ (\mu_x - \mu_y < 0)$ の場合の棄却域は

$$Z_0 < -z_\alpha$$

である．

例 5.31 5.3.2 項の例 5.15 について，新薬のほうが従来薬より血圧 (mmHg) を下げる効果があるといえるかを考えよう．

このとき，母平均の差 $\mu_x - \mu_y$ に関する片側仮説

$$\begin{cases} H_0 : \mu_x = \mu_y \\ H_1 : \mu_x < \mu_y \end{cases}$$

について検定すればよく，有意水準は $\alpha = 0.05$ としておく．新薬を使用した集団の標本平均は 123.300，従来薬を使用した集団の標本平均は 124.250 であるので，検定統計量 Z_0 は

$$Z_0 = \frac{123.300 - 124.250}{\sqrt{\frac{60}{10} + \frac{58}{12}}} = -0.289$$

である. また, 有意水準 $\alpha = 0.05$ のとき, $z_\alpha = z_{0.05} = 1.645$ であるの
で, $Z_0 > -z_{0.05}$ となる. したがって, 帰無仮説 H_0: $\mu_x = \mu_y$ は棄却さ
れず, 新薬のほうが従来薬より血圧を下げる効果があるとはいえない.

> **問題 5.32**　ある製品が 2 つの工場 A, B で製造されている. 工場 A で製造された製
> 品 10 個について重量 (g) を測定した結果, その平均は 64.5 g であり, 工場 B で製
> 造された製品 8 個について重量 (g) を測定した結果, その平均は 65 g であったとす
> る. このとき, 2 つの工場の間で製品の重量に差があるといえるか, 有意水準 5% で
> 検定せよ. ただし, 工場 A, B で製造された製品の重量はそれぞれ独立に正規分布
> $N(\mu_x, 0.20)$ と $N(\mu_y, 0.16)$ に従うと仮定する.

5.5.3　対応のない正規分布の母平均の差の検定 (母分散が等しく未知) *

$X_1, \ldots, X_m$ はそれぞれ独立に正規分布 $N(\mu_x, \sigma_x^2)$ に従い, $Y_1, \ldots, Y_n$ は
それぞれ独立に正規分布 $N(\mu_y, \sigma_y^2)$ に従うものとする. また, $(X_1, \ldots, X_m)$
と $(Y_1, \ldots, Y_n)$ は独立であり, 母分散 σ_x^2 と σ_y^2 は等しい ($\sigma_x^2 = \sigma_y^2 = \sigma^2$) が
未知とする. ここで, 2 つの母平均 μ_x と μ_y に差があるかを検証するために,
母平均の差 $\mu_x - \mu_y$ に関する両側検定

$$
\left\{
\begin{array}{l}
H_0 : \mu_x = \mu_y \\
H_1 : \mu_x \neq \mu_y
\end{array}
\right.
\quad \Longleftrightarrow \quad
\left\{
\begin{array}{l}
H_0 : \mu_x - \mu_y = 0 \\
H_1 : \mu_x - \mu_y \neq 0
\end{array}
\right.
$$

を考えよう. 有意水準を α とすると, 母平均の差 $\mu_x - \mu_y$ についての
$100(1 - \alpha)$%信頼区間は

$$
-t_{m+n-2}(\alpha/2) \leq \frac{\bar{X} - \bar{Y} - (\mu_x - \mu_y)}{\sqrt{\hat{\sigma}^2 \left(\frac{1}{m} + \frac{1}{n} \right)}} \leq t_{m+n-2}(\alpha/2)
$$

から導かれる (5.3.3 項). ただし, $\hat{\sigma}^2$ は

$$
\hat{\sigma}^2 = \frac{(m-1)U_x^2 + (n-1)U_y^2}{m+n-2}
$$

で与えられる. このとき, 検定統計量は

$$
T_0 = \frac{\bar{X} - \bar{Y}}{\sqrt{\hat{\sigma}^2 \left(\frac{1}{m} + \frac{1}{n} \right)}}
$$

となり, この両側検定における棄却域は

$$
|T_0| > t_{m+n-2}(\alpha/2)
$$

となる.

また，対立仮説が右側仮説 $H_1: \mu_x > \mu_y\ (\mu_x - \mu_y > 0)$ の場合の棄却域は

$$T_0 > t_{m+n-2}(\alpha)$$

であり，対立仮説が左側仮説 $H_1: \mu_x < \mu_y\ (\mu_x - \mu_y < 0)$ の場合の棄却域は

$$T_0 < -t_{m+n-2}(\alpha)$$

である.

例 5.33 5.3.3 項の例 5.17 について，新薬のほうが従来薬より血圧 (mmHg) を下げる効果があるといえるかを考えよう.

このとき，母平均の差 $\mu_x - \mu_y$ に関する片側仮説

$$\begin{cases} H_0 : \mu_x = \mu_y \\ H_1 : \mu_x < \mu_y \end{cases}$$

について検定すればよく，有意水準は $\alpha = 0.05$ としておく．ここで，新薬を使用した集団の標本平均は 120.100，従来薬を使用した集団の標本平均は 130.083 である．また，σ^2 の推定量は $\hat{\sigma}^2 = 8.790$ となるので，検定統計量 T_0 は

$$T_0 = \frac{120.100 - 130.083}{\sqrt{8.790 \times \left(\frac{1}{10} + \frac{1}{12}\right)}} = -7.864$$

となる．有意水準 $\alpha = 0.05$ のとき，$t_{10+12-2}(\alpha) = t_{20}(0.05) = 1.7247$ であるので，$T_0 < -t_{20}(0.05)$ となる．検定統計量が棄却域に含まれることから帰無仮説 $H_0: \mu_x = \mu_y$ が棄却され，対立仮説 $H_1: \mu_x < \mu_y$ が受諾される．よって，新薬のほうが従来薬より血圧を下げる効果があると考えられる.

問題 5.34 ある製品が 2 つの工場 A, B で製造されている．工場 A で製造された製品 10 個について重量 (g) を測定した結果，その平均は 64.5 g，不偏分散は 0.28 であったとする．一方，工場 B で製造された製品 10 個について重量 (g) を測定した結果，その平均は 65.2 g，不偏分散は 0.32 であったとする．このとき，2 つの工場の間で製品の重量に差があるといえるか，有意水準 5% で検定せよ．ただし，工場 A, B で製造された製品の重量はそれぞれ独立に正規分布 $N(\mu_x, \sigma^2)$ と $N(\mu_y, \sigma^2)$ に従うと仮定する.

5.5.4 対応のない正規分布の母平均の差の検定 (母分散が未知) **

5.5.3 項と同様の状況において，$\sigma_x^2 = \sigma_y^2$ と仮定できない場合の正規分布の母平均の差 $\mu_x - \mu_y$ に関する両側検定

$$\begin{cases} H_0 : \mu_x = \mu_y \\ H_1 : \mu_x \neq \mu_y \end{cases} \Longleftrightarrow \begin{cases} H_0 : \mu_x - \mu_y = 0 \\ H_1 : \mu_x - \mu_y \neq 0 \end{cases}$$

を考えよう．有意水準 α とすると，5.3.4 項より，母平均の差 $\mu_x - \mu_y$ についての $100(1-\alpha)$%信頼区間は

$$-t_k(\alpha/2) \leq \frac{\bar{X} - \bar{Y} - (\mu_x - \mu_y)}{\sqrt{\frac{U_x^2}{m} + \frac{U_y^2}{n}}} \leq t_k(\alpha/2)$$

より導かれる．ここで，U_x^2 と U_y^2 は不偏分散であり，t 分布の自由度 k は

$$k = \frac{\left(\frac{U_x^2}{m} + \frac{U_y^2}{n}\right)^2}{\frac{(U_x^2/m)^2}{m-1} + \frac{(U_y^2/n)^2}{n-1}}$$

であった．このとき，検定統計量は

$$T_0 = \frac{\bar{X} - \bar{Y}}{\sqrt{\frac{U_x^2}{m} + \frac{U_y^2}{n}}}$$

で与えられ，この両側検定における棄却域は

$$|T_0| > t_k(\alpha/2)$$

となる．

また，対立仮説が右側仮説 $H_1\colon \mu_x > \mu_y$ $(\mu_x - \mu_y > 0)$ の場合の棄却域は

$$T_0 > t_k(\alpha)$$

となり，対立仮説が左側仮説 $H_1\colon \mu_x < \mu_y$ $(\mu_x - \mu_y < 0)$ の場合の棄却域は

$$T_0 < -t_k(\alpha)$$

である．

5.5.5 正規分布の母分散の比の検定 **

$X_1, \ldots, X_m$ はそれぞれ独立に正規分布 $N(\mu_x, \sigma_x^2)$ に従い，$Y_1, \ldots, Y_n$ はそれぞれ独立に正規分布 $N(\mu_y, \sigma_y^2)$ に従うものとする．また，$(X_1, \ldots, X_m)$ と $(Y_1, \ldots, Y_n)$ は独立であるとする．ここで，2 つの母分散 σ_x^2 と σ_y^2 に違い

があるかを検証するために，母分散の比 $\dfrac{\sigma_y^2}{\sigma_x^2}$ に関する両側検定

$$\begin{cases} H_0 : \sigma_x^2 = \sigma_y^2 \\ H_1 : \sigma_x^2 \neq \sigma_y^2 \end{cases} \iff \begin{cases} H_0 : \frac{\sigma_y^2}{\sigma_x^2} = 1 \\ H_1 : \frac{\sigma_y^2}{\sigma_x^2} \neq 1 \end{cases}$$

を考えよう．有意水準を α とすると，母分散の比 $\dfrac{\sigma_y^2}{\sigma_x^2}$ についての $100(1-\alpha)$ %信頼区間は

$$F_{m-1,n-1}(1-\alpha/2) \leq \frac{\sigma_y^2}{\sigma_x^2} \times \frac{U_x^2}{U_y^2} \leq F_{m-1,n-1}(\alpha/2)$$

から導かれる (5.3.5 項)．このとき，検定統計量は

$$F_0 = \frac{U_x^2}{U_y^2}$$

となり，母分散の比 $\dfrac{\sigma_y^2}{\sigma_x^2}$ の両側検定における棄却域は

$$F_0 < F_{m-1,n-1}(1-\alpha/2) \quad \text{または} \quad F_0 > F_{m-1,n-1}(\alpha/2)$$

となる．

また，対立仮説が右側仮説 $H_1: \sigma_x^2 > \sigma_y^2\ (\frac{\sigma_y^2}{\sigma_x^2} < 1)$ の場合の棄却域は

$$F_0 > F_{m-1,n-1}(\alpha)$$

であり，対立仮説が左側仮説 $H_1: \sigma_x^2 < \sigma_y^2\ (\frac{\sigma_y^2}{\sigma_x^2} > 1)$ の場合の棄却域は

$$F_0 < F_{m-1,n-1}(1-\alpha)$$

となる．

例 5.35 5.3.5 項の例 5.19 について，機器 A と B の測定精度に違いがある といえるかを考えよう．

このとき，母分散の比 $\dfrac{\sigma_y^2}{\sigma_x^2}$ に関する両側仮説

$$\begin{cases} H_0 : \sigma_x^2 = \sigma_y^2 \\ H_1 : \sigma_x^2 \neq \sigma_y^2 \end{cases}$$

について検定すればよく，有意水準は $\alpha = 0.05$ としておく．ここで，機器 A を用いた測定の不偏分散は 0.003，機器 B を用いた測定の不偏分散は 0.033 であるので，検定統計量 F_0 は

$$F_0 = \frac{0.003}{0.033} = 0.091$$

となる．また，有意水準 $\alpha = 0.05$ のとき，

$$F_{10-1,8-1}(1 - \alpha/2) = F_{9,7}(0.975) = \frac{1}{F_{7,9}(0.025)} = \frac{1}{4.2} = 0.24,$$

$$F_{10-1,8-1}(\alpha/2) = F_{9,7}(0.025) = 4.82$$

である．$F_0 < F_{9,7}(0.975)$ となり検定統計量が棄却域に含まれるので，帰無仮説 H_0: $\sigma_x^2 = \sigma_y^2$ が棄却され，対立仮説 H_1: $\sigma_x^2 \neq \sigma_y^2$ が受諾される．したがって，機器 A と B の測定精度には違いがあると考えられる．

問題 5.36　ある飲料のアルコール濃度 (%) を従来の測定器で 8 回，新測定器で 9 回測定した．測定の結果，従来の測定器では分散 0.035，新測定器では分散 0.010 が得られたとする．このとき，従来の測定器と新測定器の測定精度は新測定器のほうが高いといえるか，有意水準 5% で検定せよ．ただし，従来の測定器と新測定器の測定値はそれぞれ独立に正規分布 $N(\mu_x, \sigma_x^2)$ と $N(\mu_y, \sigma_y^2)$ に従うと仮定する．

5.5.6　母比率の差の検定 **

母比率 (成功確率) が p_1 の独立なベルヌーイ試行を m 回行い，その成功回数を X とする．これとは独立に母比率が p_2 の独立なベルヌーイ試行を n 回行い，その成功回数を Y とする．X と Y はそれぞれ独立に二項分布 $B_N(m, p_1)$ と $B_N(n, p_2)$ に従うものとし，2 つの母比率 p_1 と p_2 に差があるかを検証するために，母比率の差 $p_1 - p_2$ に関する両側検定

$$\left\{ \begin{array}{l} H_0 : p_1 = p_2 \\ H_1 : p_1 \neq p_2 \end{array} \right. \quad \Longleftrightarrow \quad \left\{ \begin{array}{l} H_0 : p_1 - p_2 = 0 \\ H_1 : p_1 - p_2 \neq 0 \end{array} \right.$$

を考えよう．m と n は十分に大きいものとし，有意水準を α とすると，母比率の差 $p_1 - p_2$ についての $100(1 - \alpha)$%信頼区間は

$$-z_{\alpha/2} \leq \frac{\widehat{p}_{1,m} - \widehat{p}_{2,n} - (p_1 - p_2)}{\sqrt{\frac{1}{m}p_1(1 - p_1) + \frac{1}{n}p_2(1 - p_2)}} \leq z_{\alpha/2} \tag{5.6}$$

から導かれる (5.3.6 項)．ここで，帰無仮説を考慮し $p = p_1 = p_2$ とおくと，(X, Y) の同時確率関数は，X と Y の独立性より

$$P(X = x, Y = y) = P(X = x)P(Y = y)$$

$$= {}_m\mathrm{C}_x \cdot {}_n\mathrm{C}_y p^{x+y}(1-p)^{m+n-x-y}$$

となり，p の最尤推定量は $\widehat{p} = \dfrac{X+Y}{m+n}$ となる．(5.6) において，分母の p_1 と p_2 を推定量 $\widehat{p}$ に置き換えることにより，検定統計量として

$$Z_0 = \frac{\widehat{p}_{1,m} - \widehat{p}_{2,n}}{\sqrt{\left(\frac{1}{m} + \frac{1}{n}\right)\widehat{p}(1-\widehat{p})}}$$

が得られ，母比率の差 $p_1 - p_2$ の両側検定における棄却域は

$$|Z_0| > z_{\alpha/2}$$

となる．

また，対立仮説が右側仮説 $H_1\colon p_1 > p_2\ (p_1 - p_2 > 0)$ の場合の棄却域は

$$Z_0 > z_\alpha$$

であり，対立仮説が左側仮説 $H_1\colon p_1 < p_2\ (p_1 - p_2 < 0)$ の場合の棄却域は

$$Z_0 < -z_\alpha$$

である．

例 5.37 5.3.6 項で扱った例 5.21 について，Web の場合と郵送の場合で回答率に違いがあるといえるかを考えよう．

このとき，母比率の差 $p_1 - p_2$ に関する両側仮説

$$\begin{cases} H_0 : p_1 = p_2 \\ H_1 : p_1 \neq p_2 \end{cases}$$

について検定すればよく，有意水準は $\alpha = 0.05$ としておく．帰無仮説より，$p = p_1 = p_2$ とすると，p の推定量は $\widehat{p} = \frac{380+310}{500+500} = \frac{69}{100}$ となる．また，$\widehat{p}_{1,500} = \frac{19}{25}$，$\widehat{p}_{2,500} = \frac{31}{50}$ であるので，検定統計量 Z_0 は

$$Z_0 = \frac{\frac{19}{25} - \frac{31}{50}}{\sqrt{\left(\frac{1}{500} + \frac{1}{500}\right)\frac{69}{100}\left(1 - \frac{69}{100}\right)}} = 4.786$$

となる．有意水準 $\alpha = 0.05$ のとき $z_{\alpha/2} = z_{0.025} = 1.96$ であるので，$|Z_0| > z_{0.025}$ となり，検定統計量は棄却域に含まれる．したがって，帰無仮説 $H_0\colon p_1 = p_2$ が棄却され，対立仮説 $H_1\colon p_1 \neq p_2$ が受諾される．つまり，Web の場合と郵送の場合で回答率に違いがあると考えられる．

A 標準正規分布表 [1)]

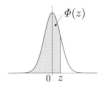

確率変数 Z が $N(0,1)$ に従うときの下側確率:
$$\Phi(z) = P(Z \leq z)$$

z	0.00	0.01	0.02	0.03	0.04	0.05	0.06	0.07	0.08	0.09
0	0.5000	0.5040	0.5080	0.5120	0.5160	0.5199	0.5239	0.5279	0.5319	0.5359
0.1	0.5398	0.5438	0.5478	0.5517	0.5557	0.5596	0.5636	0.5675	0.5714	0.5753
0.2	0.5793	0.5832	0.5871	0.5910	0.5948	0.5987	0.6026	0.6064	0.6103	0.6141
0.3	0.6179	0.6217	0.6255	0.6293	0.6331	0.6368	0.6406	0.6443	0.6480	0.6517
0.4	0.6554	0.6591	0.6628	0.6664	0.6700	0.6736	0.6772	0.6808	0.6844	0.6879
0.5	0.6915	0.6950	0.6985	0.7019	0.7054	0.7088	0.7123	0.7157	0.7190	0.7224
0.6	0.7257	0.7291	0.7324	0.7357	0.7389	0.7422	0.7454	0.7486	0.7517	0.7549
0.7	0.7580	0.7611	0.7642	0.7673	0.7704	0.7734	0.7764	0.7794	0.7823	0.7852
0.8	0.7881	0.7910	0.7939	0.7967	0.7995	0.8023	0.8051	0.8078	0.8106	0.8133
0.9	0.8159	0.8186	0.8212	0.8238	0.8264	0.8289	0.8315	0.8340	0.8365	0.8389
1.0	0.8413	0.8438	0.8461	0.8485	0.8508	0.8531	0.8554	0.8577	0.8599	0.8621
1.1	0.8643	0.8665	0.8686	0.8708	0.8729	0.8749	0.8770	0.8790	0.8810	0.8830
1.2	0.8849	0.8869	0.8888	0.8907	0.8925	0.8944	0.8962	0.8980	0.8997	0.9015
1.3	0.9032	0.9049	0.9066	0.9082	0.9099	0.9115	0.9131	0.9147	0.9162	0.9177
1.4	0.9192	0.9207	0.9222	0.9236	0.9251	0.9265	0.9279	0.9292	0.9306	0.9319
1.5	0.9332	0.9345	0.9357	0.9370	0.9382	0.9394	0.9406	0.9418	0.9429	0.9441
1.6	0.9452	0.9463	0.9474	0.9484	0.9495	0.9505	0.9515	0.9525	0.9535	0.9545
1.7	0.9554	0.9564	0.9573	0.9582	0.9591	0.9599	0.9608	0.9616	0.9625	0.9633
1.8	0.9641	0.9649	0.9656	0.9664	0.9671	0.9678	0.9686	0.9693	0.9699	0.9706
1.9	0.9713	0.9719	0.9726	0.9732	0.9738	0.9744	0.9750	0.9756	0.9761	0.9767
2.0	0.9772	0.9778	0.9783	0.9788	0.9793	0.9798	0.9803	0.9808	0.9812	0.9817
2.1	0.9821	0.9826	0.9830	0.9834	0.9838	0.9842	0.9846	0.9850	0.9854	0.9857
2.2	0.9861	0.9864	0.9868	0.9871	0.9875	0.9878	0.9881	0.9884	0.9887	0.9890
2.3	0.9893	0.9896	0.9898	0.9901	0.9904	0.9906	0.9909	0.9911	0.9913	0.9916
2.4	0.9918	0.9920	0.9922	0.9925	0.9927	0.9929	0.9931	0.9932	0.9934	0.9936
2.5	0.9938	0.9940	0.9941	0.9943	0.9945	0.9946	0.9948	0.9949	0.9951	0.9952
2.6	0.9953	0.9955	0.9956	0.9957	0.9959	0.9960	0.9961	0.9962	0.9963	0.9964
2.7	0.9965	0.9966	0.9967	0.9968	0.9969	0.9970	0.9971	0.9972	0.9973	0.9974
2.8	0.9974	0.9975	0.9976	0.9977	0.9977	0.9978	0.9979	0.9979	0.9980	0.9981
2.9	0.9981	0.9982	0.9982	0.9983	0.9984	0.9984	0.9985	0.9985	0.9986	0.9986
3.0	0.9987	0.9987	0.9987	0.9988	0.9988	0.9989	0.9989	0.9989	0.9990	0.9990

----

1) この表は標準正規分布 $N(0,1)$ に従う確率変数 Z に対する下側確率 $\Phi(z) = P(Z \leq z)$ を表している.

この表を用いて $P(Z \leq 1.64)$ を求めてみよう. まず, 1.96 を小数第 1 位までの部分 1.6 と小数第 2 位の部分 0.04 に分割する. 次に, 1.6 の行と 0.04 の列が交わる部分の値を確認する. すると 0.9495 となっているので, $P(Z \leq 1.64) = 0.9495$ となる.

上側 α 点 z_α の求め方についても考えてみよう. z_α は $\alpha = P(Z > z_\alpha) = 1 - \Phi(z_\alpha)$ を満たす点である. つまり, z_α は $\Phi(z_\alpha) = 1 - \alpha$ を満たす点であるといえる. そこで, 表の中から $1 - \alpha$ に近い値を探し, その場所の行の値と列の値を合わせたものを z_α とすればよい. 例えば, $z_{0.025}$ は $\Phi(z_{0.025}) = 0.9750$ を満たす点であり, 表の中では 1.9 の行の 0.06 の列が 0.9750 となっている. したがって, $z_{0.025} = 1.96$ となる.

B カイ二乗分布表 [2)]

自由度 n のカイ二乗分布の上側 α 点: $\chi_n^2(\alpha)$

α n	0.990	0.975	0.950	0.900	0.700	0.500	0.300	0.100	0.050	0.025	0.010
1	0.000	0.001	0.004	0.016	0.148	0.455	1.074	2.706	3.841	5.024	6.635
2	0.020	0.051	0.103	0.211	0.713	1.386	2.408	4.605	5.991	7.378	9.210
3	0.115	0.216	0.352	0.584	1.424	2.366	3.665	6.251	7.815	9.348	11.345
4	0.297	0.484	0.711	1.064	2.195	3.357	4.878	7.779	9.488	11.143	13.277
5	0.554	0.831	1.145	1.610	3.000	4.351	6.064	9.236	11.070	12.833	15.086
6	0.872	1.237	1.635	2.204	3.828	5.348	7.231	10.645	12.592	14.449	16.812
7	1.239	1.690	2.167	2.833	4.671	6.346	8.383	12.017	14.067	16.013	18.475
8	1.646	2.180	2.733	3.490	5.527	7.344	9.524	13.362	15.507	17.535	20.090
9	2.088	2.700	3.325	4.168	6.393	8.343	10.656	14.684	16.919	19.023	21.666
10	2.558	3.247	3.940	4.865	7.267	9.342	11.781	15.987	18.307	20.483	23.209
11	3.053	3.816	4.575	5.578	8.148	10.341	12.899	17.275	19.675	21.920	24.725
12	3.571	4.404	5.226	6.304	9.034	11.340	14.011	18.549	21.026	23.337	26.217
13	4.107	5.009	5.892	7.042	9.926	12.340	15.119	19.812	22.362	24.736	27.688
14	4.660	5.629	6.571	7.790	10.821	13.339	16.222	21.064	23.685	26.119	29.141
15	5.229	6.262	7.261	8.547	11.721	14.339	17.322	22.307	24.996	27.488	30.578
16	5.812	6.908	7.962	9.312	12.624	15.338	18.418	23.542	26.296	28.845	32.000
17	6.408	7.564	8.672	10.085	13.531	16.338	19.511	24.769	27.587	30.191	33.409
18	7.015	8.231	9.390	10.865	14.440	17.338	20.601	25.989	28.869	31.526	34.805
19	7.633	8.907	10.117	11.651	15.352	18.338	21.689	27.204	30.144	32.852	36.191
20	8.260	9.591	10.851	12.443	16.266	19.337	22.775	28.412	31.410	34.170	37.566
21	8.897	10.283	11.591	13.240	17.182	20.337	23.858	29.615	32.671	35.479	38.932
22	9.542	10.982	12.338	14.041	18.101	21.337	24.939	30.813	33.924	36.781	40.289
23	10.196	11.689	13.091	14.848	19.021	22.337	26.018	32.007	35.172	38.076	41.638
24	10.856	12.401	13.848	15.659	19.943	23.337	27.096	33.196	36.415	39.364	42.980
25	11.524	13.120	14.611	16.473	20.867	24.337	28.172	34.382	37.652	40.646	44.314
26	12.198	13.844	15.379	17.292	21.792	25.336	29.246	35.563	38.885	41.923	45.642
27	12.879	14.573	16.151	18.114	22.719	26.336	30.319	36.741	40.113	43.195	46.963
28	13.565	15.308	16.928	18.939	23.647	27.336	31.391	37.916	41.337	44.461	48.278
29	14.256	16.047	17.708	19.768	24.577	28.336	32.461	39.087	42.557	45.722	49.588
30	14.953	16.791	18.493	20.599	25.508	29.336	33.530	40.256	43.773	46.979	50.892
40	22.164	24.433	26.509	29.051	34.872	39.335	44.165	51.805	55.758	59.342	63.691
50	29.707	32.357	34.764	37.689	44.313	49.335	54.723	63.167	67.505	71.420	76.154
60	37.485	40.482	43.188	46.459	53.809	59.335	65.227	74.397	79.082	83.298	88.379
70	45.442	48.758	51.739	55.329	63.346	69.334	75.689	85.527	90.531	95.023	100.425
80	53.540	57.153	60.391	64.278	72.915	79.334	86.120	96.578	101.879	106.629	112.329
90	61.754	65.647	69.126	73.291	82.511	89.334	96.524	107.565	113.145	118.136	124.116
100	70.065	74.222	77.929	82.358	92.129	99.334	106.906	118.498	124.342	129.561	135.807
200	156.432	162.728	168.279	174.835	189.049	199.334	209.985	226.021	233.994	241.058	249.445

---

2) この表は自由度 n のカイ二乗分布 χ_n^2 の上側 α 点 $\chi_n^2(\alpha)$, つまり, 自由度 n のカイ二乗分布に従う確率変数 X に対して $P\{X > \chi_n^2(\alpha)\} = \alpha$ を満たす $\chi_n^2(\alpha)$ の値を表している. 対応する n の行と α の列が交わる点の値が $\chi_n^2(\alpha)$ となる.

例えば, 自由度 9 の上側 0.025％点 $\chi_9^2(0.025)$ を求めるためには, 表中の 9 の行と 0.025 の列の交点を確認すればよい. このとき, 交点は 19.023 となっているので, $\chi_9^2(0.025) = 19.023$ となる.

C t 分布表[3)]

自由度 n の t 分布の上側 α 点: $t_n(\alpha)$

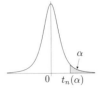

n＼α	0.450	0.400	0.350	0.300	0.250	0.200	0.150	0.100	0.050	0.025	0.010	0.005
1	0.1584	0.3249	0.5095	0.7265	1.0000	1.3764	1.9626	3.0777	6.3138	12.7062	31.8205	63.6567
2	0.1421	0.2887	0.4447	0.6172	0.8165	1.0607	1.3862	1.8856	2.9200	4.3027	6.9646	9.9248
3	0.1366	0.2767	0.4242	0.5844	0.7649	0.9785	1.2498	1.6377	2.3534	3.1824	4.5407	5.8409
4	0.1338	0.2707	0.4142	0.5686	0.7407	0.9410	1.1896	1.5332	2.1318	2.7764	3.7469	4.6041
5	0.1322	0.2672	0.4082	0.5594	0.7267	0.9195	1.1558	1.4759	2.0150	2.5706	3.3649	4.0321
6	0.1311	0.2648	0.4043	0.5534	0.7176	0.9057	1.1342	1.4398	1.9432	2.4469	3.1427	3.7074
7	0.1303	0.2632	0.4015	0.5491	0.7111	0.8960	1.1192	1.4149	1.8946	2.3646	2.9980	3.4995
8	0.1297	0.2619	0.3995	0.5459	0.7064	0.8889	1.1081	1.3968	1.8595	2.3060	2.8965	3.3554
9	0.1293	0.2610	0.3979	0.5435	0.7027	0.8834	1.0997	1.3830	1.8331	2.2622	2.8214	3.2498
10	0.1289	0.2602	0.3966	0.5415	0.6998	0.8791	1.0931	1.3722	1.8125	2.2281	2.7638	3.1693
11	0.1286	0.2596	0.3956	0.5399	0.6974	0.8755	1.0877	1.3634	1.7959	2.2010	2.7181	3.1058
12	0.1283	0.2590	0.3947	0.5386	0.6955	0.8726	1.0832	1.3562	1.7823	2.1788	2.6810	3.0545
13	0.1281	0.2586	0.3940	0.5375	0.6938	0.8702	1.0795	1.3502	1.7709	2.1604	2.6503	3.0123
14	0.1280	0.2582	0.3933	0.5366	0.6924	0.8681	1.0763	1.3450	1.7613	2.1448	2.6245	2.9768
15	0.1278	0.2579	0.3928	0.5357	0.6912	0.8662	1.0735	1.3406	1.7531	2.1314	2.6025	2.9467
16	0.1277	0.2576	0.3923	0.5350	0.6901	0.8647	1.0711	1.3368	1.7459	2.1199	2.5835	2.9208
17	0.1276	0.2573	0.3919	0.5344	0.6892	0.8633	1.0690	1.3334	1.7396	2.1098	2.5669	2.8982
18	0.1274	0.2571	0.3915	0.5338	0.6884	0.8620	1.0672	1.3304	1.7341	2.1009	2.5524	2.8784
19	0.1274	0.2569	0.3912	0.5333	0.6876	0.8610	1.0655	1.3277	1.7291	2.0930	2.5395	2.8609
20	0.1273	0.2567	0.3909	0.5329	0.6870	0.8600	1.0640	1.3253	1.7247	2.0860	2.5280	2.8453
21	0.1272	0.2566	0.3906	0.5325	0.6864	0.8591	1.0627	1.3232	1.7207	2.0796	2.5176	2.8314
22	0.1271	0.2564	0.3904	0.5321	0.6858	0.8583	1.0614	1.3212	1.7171	2.0739	2.5083	2.8188
23	0.1271	0.2563	0.3902	0.5317	0.6853	0.8575	1.0603	1.3195	1.7139	2.0687	2.4999	2.8073
24	0.1270	0.2562	0.3900	0.5314	0.6848	0.8569	1.0593	1.3178	1.7109	2.0639	2.4922	2.7969
25	0.1269	0.2561	0.3898	0.5312	0.6844	0.8562	1.0584	1.3163	1.7081	2.0595	2.4851	2.7874
26	0.1269	0.2560	0.3896	0.5309	0.6840	0.8557	1.0575	1.3150	1.7056	2.0555	2.4786	2.7787
27	0.1268	0.2559	0.3894	0.5306	0.6837	0.8551	1.0567	1.3137	1.7033	2.0518	2.4727	2.7707
28	0.1268	0.2558	0.3893	0.5304	0.6834	0.8546	1.0560	1.3125	1.7011	2.0484	2.4671	2.7633
29	0.1268	0.2557	0.3892	0.5302	0.6830	0.8542	1.0553	1.3114	1.6991	2.0452	2.4620	2.7564
30	0.1267	0.2556	0.3890	0.5300	0.6828	0.8538	1.0547	1.3104	1.6973	2.0423	2.4573	2.7500
40	0.1265	0.2550	0.3881	0.5286	0.6807	0.8507	1.0500	1.3031	1.6839	2.0211	2.4233	2.7045
60	0.1262	0.2545	0.3872	0.5272	0.6786	0.8477	1.0455	1.2958	1.6706	2.0003	2.3901	2.6603
80	0.1261	0.2542	0.3867	0.5265	0.6776	0.8461	1.0432	1.2922	1.6641	1.9901	2.3739	2.6387
120	0.1259	0.2539	0.3862	0.5258	0.6765	0.8446	1.0409	1.2886	1.6577	1.9799	2.3578	2.6174
240	0.1258	0.2536	0.3858	0.5251	0.6755	0.8431	1.0387	1.2851	1.6512	1.9699	2.3420	2.5965
∞	0.1257	0.2533	0.3853	0.5244	0.6745	0.8416	1.0364	1.2816	1.6449	1.9600	2.3263	2.5758

---

3) この表は自由度 n の t 分布 t_n の上側 α 点 $t_n(\alpha)$，つまり，自由度 n の t 分布に従う確率変数 X に対して $P\{X > t_n(\alpha)\} = \alpha$ を満たす $t_n(\alpha)$ の値を表している．対応する n の行と α の列が交わる点の値が $t_n(\alpha)$ となる．

例えば，自由度 9 の上側 0.025% 点 $t_9(0.025)$ を求めるためには，表中の 9 の行と 0.025 の列の交点を確認すればよい．このとき，交点は 2.2622 となっているので，$t_9(0.025) = 2.2622$ となる．

D F 分布表 [4]

D.1 α = 0.05

自由度 (m,n) の F 分布の上側 $\alpha\ (=0.05)$ 点: $F_{m,n}(0.05)$

n＼m	1	2	3	4	5	6	7	8	9	10	11	12	13	14	15	16	17	18	19	20	40	60	80	120	∞
1	161	199	215	224	230	233	236	238	240	241	242	243	244	245	245	246	246	247	247	248	251	252	252	253	254
2	18.51	19.00	19.16	19.25	19.30	19.33	19.35	19.37	19.38	19.40	19.40	19.41	19.42	19.42	19.43	19.43	19.44	19.44	19.44	19.45	19.47	19.48	19.48	19.49	19.50
3	10.13	9.55	9.28	9.12	9.01	8.94	8.89	8.85	8.81	8.79	8.76	8.74	8.73	8.71	8.70	8.69	8.68	8.67	8.67	8.66	8.59	8.57	8.56	8.55	8.53
4	7.71	6.94	6.59	6.39	6.26	6.16	6.09	6.04	6.00	5.96	5.94	5.91	5.89	5.87	5.86	5.84	5.83	5.82	5.81	5.80	5.72	5.69	5.67	5.66	5.63
5	6.61	5.79	5.41	5.19	5.05	4.95	4.88	4.82	4.77	4.74	4.70	4.68	4.66	4.64	4.62	4.60	4.59	4.58	4.57	4.56	4.46	4.43	4.41	4.40	4.36
6	5.99	5.14	4.76	4.53	4.39	4.28	4.21	4.15	4.10	4.06	4.03	4.00	3.98	3.96	3.94	3.92	3.91	3.90	3.88	3.87	3.77	3.74	3.72	3.70	3.67
7	5.59	4.74	4.35	4.12	3.97	3.87	3.79	3.73	3.68	3.64	3.60	3.57	3.55	3.53	3.51	3.49	3.48	3.47	3.46	3.44	3.34	3.30	3.29	3.27	3.23
8	5.32	4.46	4.07	3.84	3.69	3.58	3.50	3.44	3.39	3.35	3.31	3.28	3.26	3.24	3.22	3.20	3.19	3.17	3.16	3.15	3.04	3.01	2.99	2.97	2.93
9	5.12	4.26	3.86	3.63	3.48	3.37	3.29	3.23	3.18	3.14	3.10	3.07	3.05	3.03	3.01	2.99	2.97	2.96	2.95	2.94	2.83	2.79	2.77	2.75	2.71
10	4.96	4.10	3.71	3.48	3.33	3.22	3.14	3.07	3.02	2.98	2.94	2.91	2.89	2.86	2.85	2.83	2.81	2.80	2.79	2.77	2.66	2.62	2.60	2.58	2.54
11	4.84	3.98	3.59	3.36	3.20	3.09	3.01	2.95	2.90	2.85	2.82	2.79	2.76	2.74	2.72	2.70	2.69	2.67	2.66	2.65	2.53	2.49	2.47	2.45	2.40
12	4.75	3.89	3.49	3.26	3.11	3.00	2.91	2.85	2.80	2.75	2.72	2.69	2.66	2.64	2.62	2.60	2.58	2.57	2.56	2.54	2.43	2.38	2.36	2.34	2.30
13	4.67	3.81	3.41	3.18	3.03	2.92	2.83	2.77	2.71	2.67	2.63	2.60	2.58	2.55	2.53	2.51	2.50	2.48	2.47	2.46	2.34	2.30	2.27	2.25	2.21
14	4.60	3.74	3.34	3.11	2.96	2.85	2.76	2.70	2.65	2.60	2.57	2.53	2.51	2.48	2.46	2.44	2.43	2.41	2.40	2.39	2.27	2.22	2.20	2.18	2.13
15	4.54	3.68	3.29	3.06	2.90	2.79	2.71	2.64	2.59	2.54	2.51	2.48	2.45	2.42	2.40	2.38	2.37	2.35	2.34	2.33	2.20	2.16	2.14	2.11	2.07
16	4.49	3.63	3.24	3.01	2.85	2.74	2.66	2.59	2.54	2.49	2.46	2.42	2.40	2.37	2.35	2.33	2.32	2.30	2.29	2.28	2.15	2.11	2.08	2.06	2.01
17	4.45	3.59	3.20	2.96	2.81	2.70	2.61	2.55	2.49	2.45	2.41	2.38	2.35	2.33	2.31	2.29	2.27	2.26	2.24	2.23	2.10	2.06	2.03	2.01	1.96
18	4.41	3.55	3.16	2.93	2.77	2.66	2.58	2.51	2.46	2.41	2.37	2.34	2.31	2.29	2.27	2.25	2.23	2.22	2.20	2.19	2.06	2.02	1.99	1.97	1.92
19	4.38	3.52	3.13	2.90	2.74	2.63	2.54	2.48	2.42	2.38	2.34	2.31	2.28	2.26	2.23	2.21	2.20	2.18	2.17	2.16	2.03	1.98	1.96	1.93	1.88
20	4.35	3.49	3.10	2.87	2.71	2.60	2.51	2.45	2.39	2.35	2.31	2.28	2.25	2.22	2.20	2.18	2.17	2.15	2.14	2.12	1.99	1.95	1.92	1.90	1.84
40	4.08	3.23	2.84	2.61	2.45	2.34	2.25	2.18	2.12	2.08	2.04	2.00	1.97	1.95	1.92	1.90	1.89	1.87	1.85	1.84	1.69	1.64	1.61	1.58	1.51
60	4.00	3.15	2.76	2.53	2.37	2.25	2.17	2.10	2.04	1.99	1.95	1.92	1.89	1.86	1.84	1.82	1.80	1.78	1.76	1.75	1.59	1.53	1.50	1.47	1.39
80	3.96	3.11	2.72	2.49	2.33	2.21	2.13	2.06	2.00	1.95	1.91	1.88	1.84	1.82	1.79	1.77	1.75	1.73	1.72	1.70	1.54	1.48	1.45	1.41	1.32
120	3.92	3.07	2.68	2.45	2.29	2.18	2.09	2.02	1.96	1.91	1.87	1.83	1.80	1.78	1.75	1.73	1.71	1.69	1.67	1.66	1.50	1.43	1.39	1.35	1.25
∞	3.84	3.00	2.60	2.37	2.21	2.10	2.01	1.94	1.88	1.83	1.79	1.75	1.72	1.69	1.67	1.64	1.62	1.60	1.59	1.57	1.39	1.32	1.27	1.22	1.00

[4] 付表 D.1 と付表 D.2 はそれぞれ自由度 (m,n) の F 分布 $F_{m,n}$ の上側 0.05％点 $F_{m,n}(0.05)$ と上側 0.025％点 $F_{m,n}(0.025)$ を表している。つまり、自由度 (m,n) の F 分布に従う確率変数 X に対して $P\{X > F_{m,n}(\alpha)\} = \alpha$ を満たす $F_{m,n}(\alpha)$ の値を表している（ただし、$\alpha = 0.05$ または $\alpha = 0.025$）。対応する m の列と n の行が交わる点の値が $F_{m,n}(\alpha)$ となる。例えば、自由度 $(9,7)$ の上側 0.05％点 $F_{9,7}(0.05)$ を求めるためには、表 D.1 中の 9 の列と 7 の行の交点を確認すればよい。このとき、交点は 3.68 となっているので、$F_{9,7}(0.05) = 3.68$ となる。また、自由度 $(9,7)$ の上側 0.025％点 $F_{9,7}(0.025)$ を求めるためには、表 D.2 中の 9 の列と 7 の行の交点を確認すればよく、$F_{9,7}(0.025) = 4.82$ となる。

D.2　α = 0.025

自由度 (m, n) の F 分布の上側 α $(= 0.025)$ 点: $F_{m,n}(0.025)$

$n \backslash m$	1	2	3	4	5	6	7	8	9	10	11	12	13	14	15	16	17	18	19	20	40	60	80	120	∞
1	647	799	864	899	921	937	948	956	963	968	973	976	979	982	984	986	988	990	991	993	1005	1009	1011	1014	1018
2	38.51	39.00	39.17	39.25	39.30	39.33	39.36	39.37	39.39	39.40	39.41	39.41	39.42	39.43	39.43	39.44	39.44	39.44	39.45	39.45	39.47	39.48	39.49	39.49	39.50
3	17.44	16.04	15.44	15.10	14.88	14.73	14.62	14.54	14.47	14.42	14.37	14.34	14.30	14.28	14.25	14.23	14.21	14.20	14.18	14.17	14.04	13.99	13.97	13.95	13.90
4	12.22	10.65	9.98	9.60	9.36	9.20	9.07	8.98	8.90	8.84	8.79	8.75	8.71	8.68	8.66	8.63	8.61	8.59	8.58	8.56	8.41	8.36	8.33	8.31	8.26
5	10.01	8.43	7.76	7.39	7.15	6.98	6.85	6.76	6.68	6.62	6.57	6.52	6.49	6.46	6.43	6.40	6.38	6.36	6.34	6.33	6.18	6.12	6.10	6.07	6.02
6	8.81	7.26	6.60	6.23	5.99	5.82	5.70	5.60	5.52	5.46	5.41	5.37	5.33	5.30	5.27	5.24	5.22	5.20	5.18	5.17	5.01	4.96	4.93	4.90	4.85
7	8.07	6.54	5.89	5.52	5.29	5.12	4.99	4.90	4.82	4.76	4.71	4.67	4.63	4.60	4.57	4.54	4.52	4.50	4.48	4.47	4.31	4.25	4.23	4.20	4.14
8	7.57	6.06	5.42	5.05	4.82	4.65	4.53	4.43	4.36	4.30	4.24	4.20	4.16	4.13	4.10	4.08	4.05	4.03	4.02	4.00	3.84	3.78	3.76	3.73	3.67
9	7.21	5.71	5.08	4.72	4.48	4.32	4.20	4.10	4.03	3.96	3.91	3.87	3.83	3.80	3.77	3.74	3.72	3.70	3.68	3.67	3.51	3.45	3.42	3.39	3.33
10	6.94	5.46	4.83	4.47	4.24	4.07	3.95	3.85	3.78	3.72	3.66	3.62	3.58	3.55	3.52	3.50	3.47	3.45	3.44	3.42	3.26	3.20	3.17	3.14	3.08
11	6.72	5.26	4.63	4.28	4.04	3.88	3.76	3.66	3.59	3.53	3.47	3.43	3.39	3.36	3.33	3.30	3.28	3.26	3.24	3.23	3.06	3.00	2.97	2.94	2.88
12	6.55	5.10	4.47	4.12	3.89	3.73	3.61	3.51	3.44	3.37	3.32	3.28	3.24	3.21	3.18	3.15	3.13	3.11	3.09	3.07	2.91	2.85	2.82	2.79	2.72
13	6.41	4.97	4.35	4.00	3.77	3.60	3.48	3.39	3.31	3.25	3.20	3.15	3.12	3.08	3.05	3.03	3.00	2.98	2.96	2.95	2.78	2.72	2.69	2.66	2.60
14	6.30	4.86	4.24	3.89	3.66	3.50	3.38	3.29	3.21	3.15	3.09	3.05	3.01	2.98	2.95	2.92	2.90	2.88	2.86	2.84	2.67	2.61	2.58	2.55	2.49
15	6.20	4.77	4.15	3.80	3.58	3.41	3.29	3.20	3.12	3.06	3.01	2.96	2.92	2.89	2.86	2.84	2.81	2.79	2.77	2.76	2.59	2.52	2.49	2.46	2.40
16	6.12	4.69	4.08	3.73	3.50	3.34	3.22	3.12	3.05	2.99	2.93	2.89	2.85	2.82	2.79	2.76	2.74	2.72	2.70	2.68	2.51	2.45	2.42	2.38	2.32
17	6.04	4.62	4.01	3.66	3.44	3.28	3.16	3.06	2.98	2.92	2.87	2.82	2.79	2.75	2.72	2.70	2.67	2.65	2.63	2.62	2.44	2.38	2.35	2.32	2.25
18	5.98	4.56	3.95	3.61	3.38	3.22	3.10	3.01	2.93	2.87	2.81	2.77	2.73	2.70	2.67	2.64	2.62	2.60	2.58	2.56	2.38	2.32	2.29	2.26	2.19
19	5.92	4.51	3.90	3.56	3.33	3.17	3.05	2.96	2.88	2.82	2.76	2.72	2.68	2.65	2.62	2.59	2.57	2.55	2.53	2.51	2.33	2.27	2.24	2.20	2.13
20	5.87	4.46	3.86	3.51	3.29	3.13	3.01	2.91	2.84	2.77	2.72	2.68	2.64	2.60	2.57	2.55	2.52	2.50	2.48	2.46	2.29	2.22	2.19	2.16	2.09
40	5.42	4.05	3.46	3.13	2.90	2.74	2.62	2.53	2.45	2.39	2.33	2.29	2.25	2.21	2.18	2.15	2.13	2.11	2.09	2.07	1.88	1.80	1.76	1.72	1.64
60	5.29	3.93	3.34	3.01	2.79	2.63	2.51	2.41	2.33	2.27	2.22	2.17	2.13	2.09	2.06	2.03	2.01	1.98	1.96	1.94	1.74	1.67	1.63	1.58	1.48
80	5.22	3.86	3.28	2.95	2.73	2.57	2.45	2.35	2.28	2.21	2.16	2.11	2.07	2.03	2.00	1.97	1.95	1.92	1.90	1.88	1.68	1.60	1.55	1.5*	1.40
120	5.15	3.80	3.23	2.89	2.67	2.52	2.39	2.30	2.22	2.16	2.10	2.05	2.01	1.98	1.94	1.92	1.89	1.87	1.84	1.82	1.61	1.53	1.48	1.43	1.31
∞	5.02	3.69	3.12	2.79	2.57	2.41	2.29	2.19	2.11	2.05	1.99	1.94	1.90	1.87	1.83	1.80	1.78	1.75	1.73	1.71	1.48	1.39	1.33	1.27	1.00

参 考 文 献

[1] 飯田泰之，考える技術としての統計学：生活・ビジネス・投資に生かす，日本放送出版協会 (2007).

[2] 稲垣宣生，数理統計学 改訂版，裳華房 (2003).

[3] 江崎貴裕，分析者のためのデータ解釈学入門：データの本質をとらえる技術，ソシム (2020).

[4] 大屋幸輔，コア・テキスト統計学 (第 3 版)，新世社 (2020).

[5] 北川源四郎，時系列解析入門，岩波書店 (2005).

[6] 国立天文台 (編)，理科年表 (2022)，丸善出版 (2021).

[7] 齋藤正彦，線型代数入門 (基礎数学 1)，東京大学出版会 (1966).

[8] 芝 祐順・渡部 洋・石塚智一，統計用語辞典，新曜社 (1984).

[9] 白旗慎吾，統計解析入門，共立出版 (1992).

[10] 杉浦光夫，解析入門 I (基礎数学 2)，東京大学出版会 (1980).

[11] 鈴木 武・山田作太郎，数理統計学——基礎から学ぶデータ解析——，内田老鶴圃 (1996).

[12] 須山敦志 (著) ／杉山 将 (監修)，ベイズ推論による機械学習，講談社 (2017).

[13] 総務省 人口推計 (2019 年 (令和元年) 10 月 1 日現在)
https://www.stat.go.jp/data/jinsui/2019np/pdf/gaiyou.pdf

[14] 谷合廣紀 (著) ／辻 真吾 (監修)，Python で理解する統計解析の基礎，技術評論社 (2018).

[15] ダレル・ハフ (著) ／高木秀玄 (訳)，統計でウソをつく法：数式を使わない統計学入門 (ブルーバックス)，講談社 (1968).

[16] 手塚太郎，しくみがわかるベイズ統計と機械学習，朝倉書店 (2019).

[17] 東京大学教養学部統計学教室 (編)，統計学入門，東京大学出版会 (1991).

[18] Sarah Boslaugh(著) ／黒川利明・木下哲也・中山智文・本藤 孝・樋口 匠 (訳)，統計：クイックリファレンス (第 2 版)，オライリー・ジャパン

(2015).

[19] Maurice Kendall(著) ／千葉大学統計グループ (訳)，ケンドール統計学用語辞典，丸善 (1987).

[20] 数理人材育成協会 (編)，データサイエンスリテラシー＝モデルカリキュラム準拠，培風館 (2021).

索　引

171

著者略歴

江 口 翔 一 〈第3〜5章〉
え　ぐち しょう いち

2018年　九州大学大学院数理学府数理学
　　　　専攻博士後期課程修了
現　　在　大阪工業大学情報科学部データ
　　　　サイエンス学科特任講師
　　　　博士(数理学)
　　　　専門：数理統計学

太 田 家 健 佑 〈第1章〉
おお　た　け　けん すけ

2017年　大阪大学大学院情報科学研究科
　　　　情報数理学専攻博士後期課程修
　　　　了
現　　在　大阪大学数理・データ科学教育
　　　　研究センター特任助教
　　　　博士(情報科学)
　　　　専門：数理経済学,
　　　　　　　非線形解析学

朝 倉 暢 彦 〈第2章〉
あさ　くら　のぶ　ひこ

1998年　京都大学大学院文学研究科心理
　　　　学専攻博士後期課程修了
現　　在　大阪大学数理・データ科学教育
　　　　研究センター特任准教授
　　　　博士(文学)
　　　　専門：認知科学

Ⓒ　江口翔一・太田家健佑・朝倉暢彦　2022

2022年5月16日　　初 版 発 行

やさしく学ぶ
統計データリテラシー

　　　　　　　　　江 口 翔 一
著　者　太 田 家 健 佑
　　　　　　　　　朝 倉 暢 彦
発行者　山 本 　 格

発 行 所 　株式会社 　培 　風 　館
東京都千代田区九段南 4-3-12・郵便番号 102-8260
電 話(03)3262-5256(代表)・振 替 00140-7-44725

平文社印刷・牧 製本

PRINTED IN JAPAN

ISBN 978-4-563-01032-4　C3033